Hans Rudolf Jost

LEADERSHIT

KNAUS & KO

Hans Rudolf Jost

LEADER SHIT

Warum es Arschlöcher in Wirtschaft und Politik am weitesten bringen

Mit großem Bestimmungsteil:
Wie erkennt man ein Arschloch?

Mit Arschkarte für Ihren Arbeitsalltag!

KNAUS & KO

Hans Rudolf Jost ist international einer der bedeutendsten Berater für Change-Management.
Daneben ist er Sparring-Partner für das Top-Management und Referent.
Er lebt in Berlin und Zürich.

FSC www.fsc.org
MIX
Papier aus verantwortungsvollen Quellen
FSC® C006701

Verlagsgruppe Random House FSC-DEU-0100
Das für dieses Buch verwendete
FSC®-zertifizierte Papier *Munken Premium*
liefert Arctic Paper Munkedals AB, Schweden.

1. Auflage

Illustration: Remo Polletti, Zürich
Satz: Uhl + Massopust, Aalen
Druck und Einband: CPI – Ebner & Spiegel, Ulm
Printed in Germany
ISBN 978-3-8135-0512-2

www.knaus-verlag.de

Inhaltsübersicht

1.

Die Welt der Hierarschie

Wenn Topshots nach unten schauen, sehen sie nur Scheiße: *Die Mitarbeitenden sind nicht aktiv genug … Die Mitarbeitenden sind nicht schnell genug … Die Mitarbeitenden sind nicht engagiert genug … Sie verharren in Konsumhaltung und Besitzstandswahrung … Das mittlere Management nimmt seine Verantwortung als Transmissionsriemen nicht wahr … Da muss jetzt mal klare Ansage her und der Stall ausgemistet werden …*

Wenn die Basis nach oben schaut, sieht sie nur Arschlöcher: *Das Management nimmt uns nicht ernst … Die sind nicht in der Lage, uns an Bord zu holen … Das Management soll mal liefern, statt in Powerpoint-Orgien sich selbst zu beweihräuchern … Immer nur Druck, keine Wertschätzung … Diese Ignoranten sind einfach ausgebuffte und überbezahlte Arschlöcher … Die Scheiße fließt von oben nach unten, altes physikalisches Gesetz.*

Alles eine Frage der Perspektive? Kaum. Denn selten klaffen Fremdbild und Selbstbild so auseinander, wie wenn es um Leadership geht. Selten sind kommunizierte Ankündigungen und gelebter Alltag so weit auseinander. Willkommen in der Wirklichkeit des Leadershit. Bevölkert von Arschlöchern, die sich als Manager tarnen.

2.

Arschloch? Na und!

Sie mögen das Wort nicht? Zu wenig salonfähig? Es gehört sich nicht, gewisse Sachen beim Namen zu nennen? Das denkt man höchstens, sagt es nicht laut? Es sei denn, Sie sind alleine im Auto unterwegs, und so ein wichtigtuerischer PS-Protz bremst Sie mit seinem gepumpten Zuffi aus. Dann denken Sie nicht nur, sondern schreien laut und deutlich und in voller Länge: A-R-S-C-H-L-O-C-H.

Ich mag das direkte, klare, unverblümte, das sprachlich Präzise, aber auch die Emotionalität, die Provokation und die Unkorrektheit. Darum bevorzuge ich den Terminus Arschloch. Genauso gut könnte ich Kotzbrocken, Psychopath oder Stinkstiefel verwenden. Das hat aber nicht dieselbe Qualität. Wenn Sie das stört, dann legen Sie das Buch weg. Jetzt. Spätestens seit der Abgeordnete Joschka Fischer dem damaligen Bundestagsvizepräsidenten Stücklen »Mit Verlaub, Herr Präsident, Sie sind ein Arschloch« zurief oder Michael Mittermeier mit seiner Nummer »Arschloch-Kind« Lacher kassiert, ist das Wort nicht gerade salonfähig, aber Umgangssprache. Gewöhnen Sie sich den politischen Korrektheitsreflex bezüglich »Arschloch« ab, und umarmen Sie das Wort als Teil Ihres gedachten Wortschatzes, der es immer schon war. Ganz abgesehen davon wäre der politisch korrekte Titel dieses Buches ein Graus – oder würde Ihnen *»Führer-Dreck – warum es Darmendöffnungen in Wirtschaft und Politik weiter bringen«* besser gefallen?

Rein biologisch gesehen, ist ein Arschloch wichtig und hat eine wichtige Funktion: Es trägt in der Regel unbemerkt zur

Grundfunktion eines Organismus bei. In seltenen Fällen von Diarrhoe oder bei Darmverschluss fällt die zuverlässige Funktion aus. Bei Letzterem unterscheidet man den mechanischen, funktionellen, spastischen und den paralytischen Darmverschluss, und es bleibt nur die sofortige chirurgische Intervention. In diesem Punkt ist kein Unterschied zwischen Medizin und Management: Ein Arschloch mag zwar ab und an belustigend wirken, aber es gehört, wenn es lähmt, entfernt.

Dies ist ein sehr wertvolles Buch: Wenn Sie z. B. einen Polizisten als »Arschloch« bezeichnen, kostet Sie das gut und gerne eine Buße von zehn Tagessätzen für Beamtenbeleidigung, das sind schnell mal 500 Euro. Wenn wir die Anzahl Nennungen des A-Wortes in diesem Buch multiplizieren (zirka 200-mal) mit der Anzahl Leser, die sich betroffen fühlen könnten (schätzen wir mal 5000), kommt eine ganz schöne Summe zusammen (rund eine halbe Milliarde Euro), dies ist mein bescheidener Beitrag an die Wirtschaftsankurbelung. Die Bußgeldtarife für Manager sind übrigens nicht tiefer als für Beamte, der einzige Unterschied ist, für Normalos bleibt es Antragsdelikt.

Bevor Sie jedoch zur Staatsanwaltschaft rennen – und trotz aller Polemik –, bedenken Sie bitte noch dies: Arschlöcher sind nicht nur vor Gericht eine Geldmaschine, die Vermutung lässt sich nicht von der Hand weisen, dass man als Arschloch schamloser und schneller erfolgreich und glücklich wird. Macht kommt jedoch von Ermächtigung. Es liegt also allein an Ihnen, ob Sie Arschlöchern die Überholspur frei halten. Oder ob Sie geeignete Gegenmaßnahmen treffen.

Ach ja, da war noch was

Gehören Sie zur Fraktion der politisch Korrekten? Sind Sie gar Politikerin oder Politiker? Dann noch dies: Sprachlich rede ich in diesem Buch von *der* Führungskraft in der männlichen Form. Dieses generische Maskulinum ist begründbar, liegt die Frauenquote im Management von Großunternehmen bei knapp 12 Prozent, in mittelständischen Unternehmen sind es 17 Prozent.[1] Angesichts dieser kleinen Zahl will ich den Leser nicht in sprachliche Sippenhaft nehmen und schreibe konsequent von *dem* Manager. Aussagen über diese männliche Spezies gelten erfahrungsgemäß nicht automatisch auch für weibliche Führungskräfte. Und umgekehrt. Hingegen ist das Arschloch an und für sich sächlich und somit geschlechtsneutral. Es soll aber nicht verschwiegen werden, dass es gewisse Formen von Arschlochtum gibt, die dem weiblichen Geschlecht vorbehalten sind. Sie werden leicht feststellen, welche.

3.

Woran erkennen Sie ein Arschloch?

Arschlöcher brüllen, lärmen, toben, fluchen, sind herablassend, feindselig, aggressiv und erniedrigend, schikanieren, belästigen, verletzen und beleidigen, reiten Verbalattacken, verbreiten Angst, Hass und Rache, sie sind rechthaberisch, lügen, biegen die Wahrheit, halten Informationen zurück. Sie kanzeln öffentlich ab, machen derbe Anspielungen auf Geschlecht, Rasse oder Ethnie, verspritzen Gift, sind hinterhältige Fieslinge, Erbsenzähler, Menschenquäler, behandeln andere als minderwertige Wesen, bestrafen mit Verachtung, sind gemein.

Viele wissen gar nicht, dass sie ein Arschloch sind. Andere sind sich dessen bewusst, und sie sind stolz darauf.[2] Andere sind sich möglicherweise dessen bewusst, können aber nicht anders und schämen sich vielleicht sogar. Deshalb ist es hilfreich, mal zusammenzutragen, was denn ein Arschloch ausmacht.

Ein Arschloch verfolgt niederträchtige Strategien. Robert I. Sutton, emeritierter Professor für Management Science and Engineering der Stanford University unterscheidet zwölf Strategien:[3]

Das dreckige Dutzend
Von Arschlöchern häufig benutzte Strategien (nach Sutton):

1. Persönliche Beleidigungen
2. Verletzung der Privatsphäre
3. Unaufgeforderter körperlicher Kontakt
4. Verbale und nonverbale Einschüchterungen und Drohgebärden
5. Als »sarkastische« Witze und Hänseleien getarnte Beleidigungen
6. E-Mail-Hassattacken
7. Angriffe auf den Status des Opfers
8. Öffentliche Demütigungen oder auf »Statusminderung« abzielende Rituale
9. Rüdes Unterbrechen
10. Januskopfige Attacken
11. Bewusstes Anstarren
12. Leute wie Luft behandeln

Respektlosigkeit, emotionale Misshandlung, Machtmissbrauch, Gier, Neid und Missgunst sind Register, die Arschlöcher gekonnt bespielen. Rücksicht und Höflichkeit sind Fremdwörter, schließlich kümmert sich ein richtiger Arsch einen Dreck um die Meinung anderer Leute. Ein echter Kackbratzen sieht allein seine eigenen Bedürfnisse. Wenn ein Arsch einen richtig guten Vorschlag hören will, dann redet er einfach selber.[4] Ein Fiesling hört anders zu, denn es geht allein darum, Leute in seine Realität zu ziehen.

Wer lächelt, hat verloren. Überhaupt hat ein Arschloch gemäß dem New Yorker Kolumnisten Martin Kihn seine typische Körpersprache:[5]

1. »Nie lächeln.
2. Sparsam mit Gesten sein. Finger spreizen und zur Kralle biegen. Wenn sich eine Geste nicht vermeiden lässt, Hände über Schulterniveau heben.
3. Das Kinn vorschieben, als ob Sie in Yale gewesen wären. Wenn Sie tatsächlich in Yale studiert haben, schieben Sie es ruhig noch etwas weiter vor.
4. Wütend dreinblicken, wenn Sie reden. Beim »Zuhören« möglichst oft abwenden, gähnen, auf die Uhr schauen und Anrufe entgegennehmen.
5. Den Leuten auf die Pelle rücken, bis sie zurückweichen. Dann nachrücken.
6. Vor allem: NICHT das Verhalten des Gegenübers »spiegeln«. Das schafft nämlich Gemeinsamkeit. Versuchen Sie stattdessen sich in puncto Mimik und Gestik möglichst weit von der anderen Person abzuheben.
7. Immer mit dem Gemächt voran gehen, selbst wenn Sie keine Hose anhaben.«

Diese Dumpfbacke schaut beim Sprechen nie nach unten, sagt nie »äh«, zieht Arme und Schultern nach hinten, hat breitbeinigen, ausladenden Gang, reckt das Kinn nach vorne, ist redselig, laut und entspannt, reißt das Gespräch an sich und hört nicht zu, sucht ständig Augenkontakt, zwinkert dabei nie und starrt Sie an, als ob er Ihnen ein Loch zwischen die Augen brennen wollte. Für ein Arschloch hat »die Wahrheit eher optionalen Charakter«[6].

Ein Arschloch verdient nicht etwas, sondern es steht ihm zu. Kihn stellt sogar fest, dass »das Arschloch, bei Lichte besehen, auch ein neuer Typus Mensch«[7] sei, und entwickelte die Entwicklungsgeschichte, wie der Mensch zum Arsch mutierte:

Vom Normalo zum Arsch	Betamännchen	Alphamännchen	Arschloch
Automarke	Toyota	Porsche	Hummer
Geheimes Laster	Al Gore	Red Bull	Polygamie
Primatenart	Schimpanse	Gorilla	King Kong
Religion	Agnostiker	Atheist	Arschlochist
Haustier	Katze	Hund	Kollege
Investitionsart	Indexfonds	Aktien	Betrug
Videospiel	The Sims	Grand Theft Auto	Offshore-Glücksspiele
Wohltätiges Engagement	Tierschutz	Exfrau	Stockcar-Rennen
Medikament	Antidepressiva	Lipidsenker	Nitroglyzerin
Liebt	Sie	Seine Arbeit	Kein Eintrag
Hasst	Schuppen	Unterbrechungen	Sie

Ein Arschloch zeigt Ihnen in jeder Lebensphase gerne, wo der Hammer hängt. Er spricht laut, gerne auch mit vollem Mund, unterbricht ständig, seine Selbstbezogenheit hat allein den Zweck, dass sich andere unsicher fühlen. Und Gefühle, das ist etwas für romantische Rosamunde-Pilcher-Filme. Gefühle können Sie in die Dose stecken oder vakuumieren. Launische Wutausbrüche haben nichts mit Gefühlen zu tun, sondern mit wohl orchestrierter Inszenierung des eigenen Standpunktes. Der Zweck heiligt schließlich die Mittel, und der Zweck heißt selbstsüchtige Arroganz, und darauf sind Arschlöcher auch noch stolz.

Ein Normalo versucht, in einem vollen Aufzug nicht zu furzen. Beim Satansbraten bläst der Wind direkt aus dem Stufenheck, und er tut so, als sei dies das Normalste der Welt. Konsequenterweise muss in eine Sitzung schnell mal etwas mehr Struktur rein, es braucht klare Ansage und die Bereitschaft, lustvoll die Fliege auf dem Tisch auszudrücken. Selbstverständlich so, dass es alle sehen. »Stecken Sie diese Arbeit hinten rein, aber sorgen Sie dafür, dass sie nicht mehr rauskommt« ist keine Beleidigung, sondern technisch gesehen ein Befehl. Wer das nicht lustig findet, ist ein Versager, eine elende Pumpe, Hintergrundlärm, den ein Arschloch für seine Selbstinszenierung braucht. Diese Sausackigkeit schließt aus, dass man um etwas bittet. Ein Arschloch weist an. Und setzt die Termine bis vorgestern. Ein Arschloch verheizt problemlos jedes Jahr eine Sekretärin. Den diesbezüglichen Rekord hält der Hollywood-Mogul Scott Rudin. Gemäß Schätzung des »Wall Street Journal« verheizte Rudin in fünf Jahren 250 persönliche Assistentinnen. Das macht eine durchschnittliche Verweildauer von einer Woche, Feiertage und Urlaub mit eingerechnet. Das wird diesem Meister aller Arschklassen so schnell keiner nachmachen. Laut seiner eigenen Einschätzung seien es zwar nur 119 gewesen. Ein falscher Muffin zum Frühstück? Gefeuert. Im Online-Magazin »Salon« erinnert sich eine ehemalige Assistentin: »Das Letzte, was ich von ihm sah, war der gestreckte Mittelfinger.«[8]

Ist Ihnen wichtig, was andere Leute denken? Sie eignen sich nicht zum Arschloch. Sie klauen nicht gerne anderer Leute Ideen und geben sie als Ihre eigenen aus? Pech gehabt, ein Meisterarsch gibt sich sogar als Erfinder des Fragezeichens aus.[9] Sie versuchen, andere nicht zu brüskieren? Schade, denn das Einzige, was Sie auf dieser Welt weiterbringt, sind Ihre Eier. Sie stellen sich hinten in einer Reihe an? Schön, dann kann sich ja der Arsch besser vorne reindrängen. Sie schauen dann weg und sagen nichts? Umso besser für den Arsch. Sie verlangen von einem Arbeitskollegen einen Bericht, den er bitte sofort in Ihr Büro bringen soll? Auf Ihrem Tisch liegt ebendieser Bericht schon da? Sie schämen sich dafür? Nicht das Arschloch. Es macht sich vor Spaß in die Unterhose. Der Handy-Klingelton eines Arschlochs ist von Rammstein (mindestens »Feuer frei«). Die zwei typischen Handbewegungen? Eine Hand am Ohr, die andere im Schritt. Überhaupt ist Telefonieren die ideale Tätigkeit, das Gehänge in Position zu bringen.

Sutton unterscheidet temporäre Arschlöcher und amtliche Arschlöcher. Diese Unterscheidung scheint mir hilfreich, denn ein temporärer Arsch ist ein zwischenzeitlich rückfälliges Weichei. Es genießt zwar den Status als temporärer Arsch, denn er ist der Überzeugung, dass Frauen auf Arschlöcher abfahren. Doch: »Wie die meisten Vorstadtlegenden trifft auch diese so nicht zu. Denn wie meine Studien ergeben haben, fahren Frauen nicht auf Arschlöcher ab. Sie fahren *total* auf Arschlöcher ab.«[10] Temporäre Arschlöcher arbeiten noch an ihrer Zweierkiste, wo amtliche Arschlöcher schon lange die serielle Polygamie praktizieren. Amtliche Arschlöcher grüßen grundsätzlich nicht, keinen Wachmann am Eingang, keine Sekretärin auf dem Flur, die Ausnahme ist der Vorstand, der noch nichts von seiner bevorstehenden Ablösung weiß. Da huscht dem Arschloch schon mal ein leises Lächeln über die Lippen und verschafft ihm einen unterirdischen Höhenrausch.

Die Arbeitswelt scheint idealer Nährboden für das Arschloch zu sein. Es braucht ja einige Qualitäten, die ein amtliches Arschloch ausmachen, um schnell auf der Karriereleiter weiterzukommen. Die Grenze zwischen straffer Führung, Effizienzorientierung und Arschlochtum sind fließend. Darum wird die Welt von einem Haufen Arschlöcher regiert, die wiederum von noch größeren Drecksäcken und Schweinen bezwungen werden.[11] Dschungelcamps und Reality-TV lassen grüßen.

4.

Mehr, als man denkt: Arschlöcher sind überall

Die gefühlte Wahrnehmung ist: Arschlöcher sind überall. Aber ist dem so? Als seriöser Unternehmensberater liegt mir nicht nur die Polemik, sondern ich habe mich auch um Fakten bemüht. Leider ist dies ein unerforschtes Thema. Höchste Zeit also, dass Fakten auf den Tisch kommen. In einer repräsentativen Befragung der deutschen arbeitenden Bevölkerung haben wir die Zahlen beschafft.[12] Nun ist es schwierig, einfach so zu fragen: »Kennen Sie ein Arschloch?« Deshalb haben wir die wesentlichsten Eigenschaften eines amtlichen Arschlochs umschrieben und so die Fragen gestellt (»Haben Sie schon miterlebt, dass in Ihrem Arbeitsumfeld Menschen schikaniert wurden, unfair oder herablassend behandelt und aggressiv beleidigt wurden?«). Die Studie lief unter dem neutralen Titel »Arbeitsatmosphäre«. Befragt wurden Menschen, mit einer festen Arbeitsstelle (mindestens 80-Prozent-Pensum).

Auf diese Arschloch-Frage antworteten 58,4 % mit »Ja, das habe ich schon miterlebt«! Das heißt, fast 60 % der deutschen arbeitenden Bevölkerung hat Erfahrungen im Umgang mit Arschlöchern. Diese Zahl bleibt unabhängig hoch, egal ob Mann oder Frau, ob kleines Unternehmen oder Großkonzern. In den öffentlichen Verwaltungen mit 67,8 % ist der Wert am höchsten, in den Produktionsunternehmen entspricht sie dem Durchschnitt, in Dienstleistungsbetrieben ist sie leicht tiefer (54,4 %).

Dann wollten wir wissen, ob der Befragte das schon mal persönlich erlebt hat, darauf antworteten 37,4 % mit Ja. Das heißt, mehr als jeder dritte deutsche Arbeitnehmer ist direkt und persönlich von Arschlöchern betroffen. Bei denjenigen Befragten, die kritische oder negative Gefühle gegenüber Ihrer Arbeit haben sind es mehr als doppelt so viele, nämlich 80,7 %.

»Von wem wird dann dieser Druck hauptsächlich ausgeübt?« Darauf antworteten:

– von einer übergeordneten Führungsperson	49,6 %
– von gleichgestellten KollegInnen	40,5 %
– von untergebenen Mitarbeitenden	6,5 %
– weiß nicht	3,4 %

50 % des Arschlochdrucks kommt von den Bossen, 40 % von den Kollegen, und immerhin 6,5 % oder jedes 15. Arschloch macht Druck von unten. Auffallend ist: Der Arschlochdruck von Bossen ist umso höher, je älter jemand ist, bei den über 50-Jährigen steigt dieser Wert auf 57,7 %. Umgekehrt ist es bei den gleichgestellten KollegInnen: Je jünger jemand ist, desto mehr steigt der Wert, so ist der Wert bei den unter 34-Jährigen bei 45,5 % (gegenüber 40,5 % im Durchschnitt). Der Karrieredruck lässt grüßen.

Amtliche Arschlöcher sind also rein statistisch gesehen in einem von zwei Fällen in einer Führungsfunktion. 49,6 % der Führungskräfte halten durch ihr dysfunktionales Verhalten ihre Mitarbeiter vom Arbeiten ab, anstatt sie zu fördern. Aus unternehmerischer Sicht gehören diese entfernt, sie richten nämlich volkswirtschaftlichen Schaden an.

… und sie richten unübersehbaren Schaden an

Auf die Frage: »Was schätzen Sie, wie viel Zeit von Ihrer Arbeitszeit könnten Sie besser nutzen, wenn diese Störungen nicht stattfinden würden?« antworteten:

– weniger als 10 Prozent der Arbeitszeit	10,8 %
– 0–20 Prozent der Arbeitszeit	20,3 %
– 20–30 Prozent der Arbeitszeit	27,6 %
– 30–40 Prozent der Arbeitszeit	13,4 %
– 40–50 Prozent der Arbeitszeit	8,2 %
– über 50 % der Arbeitszeit	11,2 %
– weiß nicht	8,6 %

Der Mittelwert liegt bei 23 % Einsparpotenzial in der Arbeitszeit. Berechnet man diesen Arschlochfaktor von 23 % leistungsmindernder Wirkung mit dem Bruttoinlandprodukt von Deutschland (BIP 2011 insgesamt 2570 Milliarden Euro), ergibt dies einen volkswirtschaftlichen Arschlochschaden von 591 Milliarden Euro. Pro Jahr. Jahr für Jahr. Rechnet man noch indirekte Kosten für mangelnde Leistungsbereitschaft, fehlende Motivation, innere Kündigung, aber auch Rekrutierungs- und Einarbeitungskosten dazu (laut einer Gallup-Studie sind das nochmals 124 Milliarden Euro im Jahr[13]), ist das schnell mal so viel, wie die Bundesregierung mit dem Rettungspaket für die Finanzwirtschaft und für Griechenland ausgegeben hat. Und da haben alle aufgeschrien. Bei Arschlöchern nimmt man diesen Schaden offenbar einfach schulterzuckend hin.

5.

Arschlochstrategien

Resultate dieser Befragung werden von einem Arschloch mit einem Schulterzucken zur Kenntnis genommen. Wenn überhaupt. Viel eher geht die Sonne im Westen auf, als dass das amtliche Arschloch sein Wesen ändert. Und sollte er mal dazu gezwungen werden, hat er eingespielte Arschlochstrategien, die in der Regel hervorragend funktionieren:

Arschlöcher können gar nicht anders ...

- O Weil ihr Boss (auch) ein Arschloch ist.
- O Weil die Sachzwänge so sind.
- O Weil ich der Ansager im Viertel bin.
- O Weil ich ab und an zeigen muss, wo der Hammer hängt.
- O Weil es schon immer so war.
- O Weil sie in ein sehr hierarchisches System eingebunden sind und ihr Kadavergehorsam das so verlangt.
- O Weil sie nicht anders können.
- O Weil die Konkurrenz in China Hungerlöhne zahlt und ihre Mitarbeiter wie Sklaven behandelt; die Körperstrafe des Mittelalters sollte auch in der mitteleuropäischen Chef-Mitarbeiter-Beziehung eingesetzt werden können.
- O Weil das Betriebsverfassungsgesetz ihnen gar keine andere Wahl lässt, als das Arschloch rauszuhängen.
- O Weil sie selber mit körperlicher Strafe aufgewachsen sind, eine Watschn hat noch keinem geschadet, verbal schon gar nicht.
- O Weil sie im Tempo 180 durch die Kinderstube rasten; das

hat sie in ihrem Leben nicht benachteiligt. Im Gegenteil. Geschwindigkeit ist doch heute entscheidend.

- O Weil sie hart für die Emanzipation kämpften und sich jetzt gerne besitzstandswahrend auf den Lorbeeren ausruhen möchten (nicht vergessen: Wer sich auf den Lorbeeren ausruht, trägt sie am falschen Ort).
- O Weil Gillette Lady noch kein Epiliersystem für Haare-auf-den-Zähnen anbietet.
- O Weil ihnen dieser Multikulti-Mist am Arsch vorbeigeht. Diese Serben, Albaner, Türken, Kurden und Chinesen sollen sich mal an deutsche Tugenden gewöhnen und sich integrieren (die Ossis mit eingeschlossen).
- O Weil sich auf der Top-200-Liste der Reichsten nun mal keine Altruisten, Gutmenschen und Mutter-Teresa-Klone finden lassen.
- O Weil die Kälte des Nordens auch meinen Führungsstil prägt.
- O Weil Führung eine Beziehungsvermeidungsstrategie ist; das dauernde Gefasel über weiche Faktoren ist was für Versager!
- O Weil meine kleine Welt es so will. Und wenn meine Welt und die Realität aufeinanderprallen, ist dies schlecht. Für die Realität.
- O Weil die Affen noch nie den Zoo regierten und der Schwanz nicht mit dem Hund wedelt.
- O Weil ich dazu keine Fragen beantworte. Danke für die Aufmerksamkeit.
- O Weil Eiapopeia nichts bringt.
- O Weil neben meiner Großartigkeit wenig Platz für andere Großartigkeiten bleibt.

Natürlich können auch andere Arschlochstrategien zum Ziel führen. Fakten ignorieren und die Sache aussitzen funktioniert in der Regel auch immer.

6.

Vom Umgang mit Arschlöchern

Bevor Sie sich für einen produktiven Umgang mit Arschlöchern entscheiden, müssen wir zuerst die Wirkung eines potenziellen Arschlochs eingrenzen. Hierbei gibt es drei Wirkungsebenen:

1. Privater Impact
2. Impact aufs Business
3. Die Spaßebene

Die private Ebene ist vernachlässigbar. Es ist allein Ihre Entscheidung, wie Sie damit umgehen wollen. Den Impact aufs Business sehe ich wiederum in drei Stufen:

1. Die temporär dysfunktionale Stufe
2. Die andauernde dysfunktionale Stufe
3. Die Zerstörungsstufe

Auf der ersten Stufe werden Erwartungen, Werte, Normen für einen überschaubaren Zeitraum verletzt. Auf dieser Stufe lässt es sich leben, weil man weiß, dass und wie der Weg zur Normalität funktioniert. Das ist das Ein-Stern-Arschloch.

Die andauernd dysfunktionale Stufe bedeutet, dass an diesem Arschloch kaum ein Weg vorbeiführt, dass kein Bypass gesetzt werden kann. Werte und Normen werden permanent untergraben, eine Koexistenz ist auf einem zumutbaren Niveau nicht möglich. Dieses Arschloch verdient zwei Sterne.

Die Zerstörungsstufe heißt nichts anderes, als dass rund um dieses Arschloch kein Gras mehr wächst, dass seine Wirkung absolut zerstörerisch ist. Das gilt für Businessziele wie für die persönliche Entwicklung. Die Schweizer nennen dies »Zleidwärche«, dem anderen und dem System nachhaltigen Schaden beifügen, sich selber als Arschloch von diesem Schaden nicht ausnehmen (> Amokstrategie) bis hin zur aktiven Sabotage. Das ist das ultimative Drei-Sterne-Arschloch.

Anders verhält es sich beim Spaßfaktor. Der Spaßfaktor kümmert sich nur bedingt darum, ob die Wirkung funktional oder dysfunktional ist oder gar das System zerstört. Spaß machen können alle drei.

7. Die Anti-Arschloch-Strategie

Wollen – Können – Müssen

Natürlich könnten Sie Arschlöcher in Ihrem Businessumfeld einfach hinnehmen. Die grundsätzliche Frage ist, ob Sie das wollen, ob Sie das können und ob Sie das müssen. Zum Wollen: Wenn Sie eine rein materielle Beziehung zu Ihrer Arbeit haben (»Hier meine Arbeit – da dein Geld«), dann erwarten Sie nichts von Ihrer Arbeit. »Dies ist Arbeit, Spaß kann ich woanders haben.« Gut so. Die Hälfte Ihrer wachen Zeit verbringen Sie in der Regel jedoch mit Arbeit. Mindestens. Schön, wenn Ihnen das gelingt ohne gesundheitliche Schäden, Sie sind ein echter Pragmatiker oder Opportunist.

Zum Können: Sie können in solchen Themen kein fatalistischer Pragmatiker sein, es beschäftigt Sie, wenn Ihr Boss Sie plagt. Sie haben schlaflose Nächte, Ihr Partner, Ihr Arzt oder gute Freunde haben Ihnen schon nahegelegt, »das alles weniger ernst zu nehmen«.

Zum Müssen; Sie haben noch eine Restmenge an Zivilcourage, Sie haben ein ausgeprägtes und bewusst gelebtes Wertesystem, Sie nehmen nicht einfach alles hin, für Sie ist nicht alles gottgegeben, Arschlöcher schon gar nicht, Sie nehmen die Sache selber in die Hand, Sie müssen nicht müssen. Und deshalb entscheiden Sie sich für eine proaktive Arschloch-Koexistenz-Strategie.

8.

Sieben Koexistenz-Strategien

Grob lässt sich die Koexistenz mit einem Arschloch in sieben aktive Stufen einteilen (das passive Aussitzen nicht eingerechnet):

1. Der Diskurs

Ein Gespräch über das Verhalten eines Arschlochs scheint möglich. Dies ist vor allem bei temporären Arschlöchern durchaus möglich. Versuchen Sie in einer Phase der »positiven Normalität« ein Gespräch über sein Verhalten. Ist allerdings schwierig, denn wie bei manisch-depressiven Patienten ist es durchaus möglich, dass diese sich gar nicht an ihr Verhalten in den dunklen Tälern einer Depression erinnern mögen. Anders als bei dieser Krankheit können Sie einem Arschloch keine medikamentösen oder psychiatrischen Therapien verordnen. Aber sagen Sie Ihrem Boss einmal, er hätte eigentlich einen Psychiater verdient... Nur zu, das braucht Mut – und ein gesundes Selbstvertrauen, dass man immer wieder auf die Beine fällt.

2. Ignorieren

Eine der größtmöglichen Strafen für ein amtliches Arschloch ist: Einfach nicht ernst nehmen. Wie bei einem Ehekrach, bei dem ein Partner den anderen wie Luft behandelt, heißt das nichts anderes, als dass das Gegenüber noch mehr durchstartet. Da aber Arschlochstrategien, rein statistisch gesehen, mehrheitlich von Bossen ausgehen, ist diese Koexistenzstrategie letztlich auch relativ sinnfrei.

3. Ins Exil gehen

Kompromisse ohne Korrumpierung Ihrer persönlichen Werte sind nicht möglich, ein Diskurs ist vergebene Liebesmüh, und ignorieren fällt Ihnen schwer. Sie schrecken vor noch größeren Schritten zurück, was Ihnen bleibt, ist die innere Emigration, die Schaffung einer eigenen Welt, die des inneren Exils. Es ist Ihr alleiniger Entscheid, diesem Arschloch Entfaltungsspielraum zu bieten. Wenn Sie dies tun, dann katapultieren Sie sich in die innere Kündigung. Wollen Sie das? Wollen Sie sich so verbiegen? Nehmen Sie das Handlungsprimat in die Hand, fällen Sie eine Ent-Scheidung und gehen Sie in die Exit-Strategie.

4. Die Exit-Strategie

Eine Koexistenz ist nicht möglich. Jetzt wird entscheidend, von wem der Arschlochfaktor ausgeht:

- Vom Boss: Das ist schwierig und gefährlich. Alles hängt von Ihrer Zivilcourage (und von Ihrem alternativen Jobangebot) ab.
- Von einem Peer, also von einem Gleichgestellten: Ist der Diskurs nicht möglich, hängt auch hier vieles vom alternativen Jobangebot ab.
- Sie sind Opfer, quasi Untergebener oder Untertan: Als Mitarbeiter werden Sie vermutlich unbewusst die Strategien 1 bis 3 schon versucht haben. Als Untertan bleibt Ihnen nichts anderes übrig, als entweder eine andere politische Richtung zu wählen oder Wahlen generell fernzubleiben.

Das alternative Jobangebot spielt also eine entscheidende Rolle bei der Exitstrategie: Ist das alternative Jobangebot groß (es gibt für Sie mehrere, valable Möglichkeiten bei einem Mitbewerber anzuheuern oder innerhalb eines zumutbaren geografischen Umkreises umzusatteln), dann sind die Chancen für eine Exit-Strategie intakt. Ist das alternative Jobangebot hingegen klein, dann wird's eng. Gibt es keine Jobs, oder sind Sie in einem Alter, in dem Sie so leicht niemand mehr einstellt, leben und arbeiten Sie mitten in der Pampa mit industrieller Monokultur (oder gar keiner) oder sind Sie eine Frau über 30 (noch schlechtere Karten haben allein erziehende Mütter), dann stellt sich die Exit-Strategie nicht wirklich als realistisches Szenario dar.

Trotzdem werden Sie nicht umhinkommen, sich zu überlegen, wie groß denn Ihr persönlicher Spagat sein soll, den Sie jeden Tag bei der Arbeit machen wollen. Dazu ist der »Spagatfilter« hilfreich, das sind sieben Fragen, die Sie sich morgens vor dem Spiegel stellen können:

Der Spagatfilter		
	Filterkriterium, Filterfrage	**Antwort**
S	**Sozialer Filter:** Werden gesellschaftliche Werte und Normen verletzt?	**Ja:** Sie entscheiden, ob Sie wollen, können oder müssen. **Nein:** Weiter zu »P«
P	**Persönlicher Filter:** Werden persönliche Werte und Normen verletzt?	**Ja:** Sie entscheiden, ob Sie wollen, können oder müssen. **Nein:** Weiter zu »A«
A	**Alternativenfilter** Habe ich keine Alternativen?	**Ja:** Sie entscheiden, ob Sie wollen, können oder müssen. **Nein:** Weiter zu »G«
G	**Gefühlsfilter** Habe ich ein schlechtes Gefühl?	**Ja:** Sie entscheiden, ob Sie wollen, können oder müssen. **Nein:** Weiter zu »A«

Der Spagatfilter		
	Filterkriterium, Filterfrage	**Antwort**
A	**Achtsamkeitsfilter** Verletze ich Gefühle anderer oder kommunizierte Erwartungen?	**Ja:** Sie entscheiden, ob Sie wollen, können oder müssen. **Nein:** Weiter zu »T«
T	**Tun!** Worauf warten Sie noch? Ihrem freien Handeln steht nichts mehr im Weg.	

Wenn Sie bei einer oder mehrerer dieser Spagatfragen mit »Ja« antworten mussten und Sie haben ein ambivalentes Gefühl, ob Sie das wirklich hinnehmen wollen, können oder müssen, dann werden Sie sich bewusst oder unbewusst in die innere Kündigung begeben. Dieser Weg in die innere Kündigung führt zu den neuen, zivilisatorischen Krankheitsbildern mit englischem Namen wie zum Beispiel zu Burn-out. Oder gar zu Selbstmord.

5. Die Pacing-Strategie

Das ist fast schon die therapeutische Herangehensweise. Wie in der Klapsmühle begegnen Sie dem Arschloch therapeutisch: »Sie sind Napoleon?« »Ja!« »Eh, bon, Monsieur Bonaparte, ich wünsche Ihnen einen schönen Tag.« Man belässt den Patienten in seiner eigenen Realität. Was in der psychiatrischen Klinik funktioniert, entpuppt sich im Business-Umfeld als schwierig. Aber es gibt nicht wenige Napoleons in den Teppichetagen dieser Welt. Das eigentliche Pacing bedeutet nichts anderes als: Halten Sie den Spiegel vor, wiederholen Sie das, was Ihre Wahrnehmung Ihnen sagt, um so die Wahrnehmungen abzugleichen (und nicht die Fakten). Wiederholen Sie, was Ihnen gesagt wird: »Wenn ich Sie richtig verstehe, dann sagen Sie mir jetzt dies und das.« Die Hindu-Master in Meditation haben diese Technik, zur Meisterschaft entwickelt. Dieser Master kann seinen Atem in der Meditation so synchronisieren, dass er in das Herz des Gegenübers eindringen kann. Das tönt für Sie wie Psychosülze? Lesen Sie ruhig weiter. Die Königsklasse ist: Ich kann meinen Herzschlag so synchronisieren, dass ich in den Mind des Gegenübers eindringen kann. Das ist kein Esoterikmist, das können nur die Hindu-Master. Was die Botschaft für uns Westler ist: Spiegeln Sie Ihr Gegenüber. Wenn einer kurz atmet, atmen Sie auch kurz. Wenn einer lang atmet, versuchen Sie synchron zu sein.

6. Ab fünf Uhr wird zurückgeschossen

Dies ist Ihre aktive Kriegserklärung. Bei einzelnen Arschlöchern können auch Sie nicht anders, als auf die Arschlochstrategie des Krieges einzusteigen. Wer zuerst zieht, hat gewonnen. Wie im Wilden Westen.

7. Gemeinsam in den Untergang

Wird im Wilden Westen noch irgendwie nach den Regeln der Kriegskunst unter Gentlemen gekämpft, ist in dieser letzten Stufe alles erlaubt. Von hinten wird gemeuchelt, es werden weder Gefangene gemacht noch Geiseln genommen. Wir gehen gemeinsam in den Untergang. Die gänzliche Zerstörung, physisch, materiell oder wirtschaftlich, aber auch seelisch, sozial und geistig, ist allein der Fokus. Wie ein Amokläufer kennt man keinen Weg mehr zurück. Der Feind wird vernichtet zum Preis der Selbstvernichtung. Nicht nur Sie gehen unter, auch die Umgebung oder gar die Nachkommen sollen nachhaltig zu Schaden kommen. Es gibt nur noch Verlierer.

Zeigen Sie Arschlöchern die Rote Karte

Zum Überleben im Büroalltag finden Sie in diesem Buch ein kleines, praktisches Buchzeichen, gestaltet als Arschkarte: In Kurzform sind die wichtigsten Arschlochqualitäten aufgelistet. Diese können Sie als Anti-Arschloch-Waffe einsetzen in Ihrem täglichen Dschungelcamp-Überlebenskampf: Kleben Sie die Karte Ihrem Lieblingsarsch an die Bürotür. Zeigen Sie Arschlöchern die Rote Karte, im Sitzungszimmer, im Auto, in einer Versammlung des Hühnerzüchtervereins oder einer sonstigen politischen Luftnummer. Ihnen genügt diese eine Karte nicht, Sie sind umzingelt von Wahnsinn und Abgründen menschlicher Niedertracht? Sie brauchen Nachschub und möchten gerne die Karte in der ganzen Firma einsetzen? Kein Problem: Bestellen Sie gratis die gewünschte Anzahl Arschkarten auf www.leader-shit.com. Da finden Sie auch noch andere Versio-

Leadershit

Wenn Manager nach unten schauen, sehen sie nur Scheiße, wenn die Basis nach oben schaut, sehen sie nur Arschlöcher. Willkommen in der Wirklichkeit des Leadershits. Bevölkert von Arschlöchern, die sich als Manager tarnen.

Aus: Hans Rudolf Jost
»Leadershit – Warum es Arschlöcher in Politik und Wirtschaft am weitesten bringen« Knaus & Ko, ISBN 978-3-8135-0512-2

Weitere Arschkarten gratis unter:www.leader-shit.com

Die Arschkarte

Du führst Dich wie ein Arschloch auf:

- Hörst nicht zu
- Polterst, lärmst, tobst & fluchst
- Machst auf Großkotz, Du Stinkstiefel
- Starrst den Leuten in die Augen
- Hörst nur Dich selber gerne sprechen
- Bestehst stur auf Deiner Position
- Bist ein schikanöser Menschenschinder
- Spielst die Giftspritze
- Unterbrichst ständig
- He, locker, lächle mal wieder!
- Zeigst allen, wo der Hammer hängt
- Lässt den Emotionen freien Lauf
- Warum Termine immer vorgestern?
-

© www.leader.shit.com

nen für Betriebsräte, für die Vorstandsetage, für den Autofahrer, für das tägliche Eheleben und so weiter zum Runterladen. Übrigens: Die Arschkarte ist in der Du-Form gehalten, denn wenn man schon etwas persönlicher wird, liegt dies allemal drin; frei nach der alten Regel, es sagt sich leichter »Du Arschloch!« als »Sie Arschloch!«.

9.

Die Arschlochregel

Ich habe mir mit der Gründung der Change Factory AG 1997 eine ganz einfache Arschlochregel als Paragraf null quasi in die Statuten »geschrieben«: Ich nahm mir vor, dass bei jedem Kunden »der A-Faktor näher bei null als bei eins sein muss«. Das heißt, der Arschlochfaktor, mit dem man es zu tun haben wird, liegt näher bei null als umgekehrt.

Wie ich das beurteile? Nun, über die Jahre entwickelt man ein Sensorium für den Selbstbeschäftigungsgrad einer Organisation, für die Entscheidungsfreude von Entscheidern und für die Klarheit oder eben Hinterhältigkeit der involvierten Personen und deren versteckte Agenden. Die Anwendung der Arschlochregel verlangt subtiles Vorgehen, denn bei einer Anfrage ist es für keinen der Beteiligten sinnvoll, wenn Sie Ihrem potenziellen Kunden mitteilen: Der A-Faktor ist mir zu hoch. Wenn ich einen hohen Arschlochfaktor vermute, dann wird entweder mein Angebot derart teuer, oder ich habe keine Zeit, dass es eben nicht zu einer Zusammenarbeit kommt. Klar muss man sich das leisten können. Und klar ist es abhängig vom Alleinstellungsgrad Ihrer Dienstleistung. Wenn Sie der 631. austauschbare Anbieter sind, der sich beim Kunden die Klinke in die Hand gibt, müssen Sie den Arschlochfaktor eher hinnehmen. Darum gibt es Branchen, in denen dieser Faktor ausgeprägt hoch ist, z. B. die Werbung und die damit verbundenen Dienstleistungsderivate. Oder wenn Sie Häusle bauen. Oder wenn Sie es mit Branchen zu tun haben, in denen Arbeitsverträge der Mitarbeitenden unkündbar sind (oder für unkündbar gehalten werden). Ich für mich bin mit der Arschlochregel gut gefahren, denn je tiefer der A-Faktor, desto höher die Chance einer erfolgreichen Zusammenarbeit.

10.

Anleitung zum Arschloch: Sieben einfache Schritte zum Arschloch

Sie möchten mal erleben, wie es sich anfühlt, ein Arschloch zu sein? Nichts einfacher als dies. Hier sieben todsichere Übungsanlagen für Anfänger und Normalos, ein ultimatives Arschloch zu werden.

1. Der Wurststand

Stellen Sie sich an einem Wurststand an, möglichst an einem schönen Sonntag, wenn viele Familien mit Kindern unterwegs sind. Aber stellen Sie sich ja nicht hinten an, sondern – richtig – ganz zuvorderst, rät Martin Kihn, Autor von »Asshole. Wie ich lernte, ein Schwein zu sein, und dabei reich und glücklich wurde«[14]. Einfach kaltblütig reindrängeln und so tun, als sei es das Normalste der Welt. Lassen Sie sich keinesfalls durch Kindergeschrei ablenken oder durch mehr oder minder lautes, entsetztes Tuscheln anderer Leute in der Kolonne, die was von Fairness und Anstand rumfaseln. Einfach ignorieren, noch etwas breitbeiniger hinstellen und das beste Stück nach vorne schieben. (Falls Ihnen geschlechtsbedingt ein solches fehlt, können Sie dies mit intensiver Blackberry-Kommunikation ersetzen.)

2. Der Ignorant

Fassen Sie für die nächste Sitzung drei Vorsätze: 1. Hören Sie einfach nicht zu. 2. Bringen Sie Ihre »Ideen« ein, egal, ob es passt oder nicht, am besten Sie unterbrechen, während andere reden. 3. Reden Sie laut. Sehr laut. Wichtig dabei ist: Lassen Sie sich nicht von den Reaktionen anderer Sitzungsteilnehmer beeinflussen. Setzen Sie voll auf die Arschlochkarte, und halten Sie immer Augenkontakt. Sie werden sehen, das ist ein ganz neues, souveränes Gefühl.

3. Der Gestresste

Ab morgen gehen Sie aus Prinzip nicht mehr pünktlich in eine Sitzung. Kommen Sie mindestens 20 Minuten zu spät. Dann beschäftigen Sie sich intensiv mit dem Smartphone, nehmen Anrufe entgegen, verlassen das Sitzungszimmer, um wichtige Anrufe zu beantworten. Wichtig: Gehen Sie mindestens 30 Minuten vor Sitzungsende – nachdem Sie gelangweilt Ihre Fingernägel gekaut haben –, schließlich wird Ihre Wichtigkeit noch in einer anderen Sache gebraucht.

4. Der Huper

Wenn ein Fußgänger sich anschickt, auf dem Fußgängerstreifen die Fahrbahn zu überqueren, hupen Sie, und geben Sie Gas. Wenn vor Ihnen jemand die Spur wechseln möchte, hupen Sie, und zeigen Sie den Stinkefinger. Fahren Sie auf der Autobahn so nahe auf den Vordermann auf, dass er Ihr Rasierwasser riechen kann. Nutzen Sie Hupe und Lichthupe. Falls Ihnen jedoch ein anderes Arschloch zuvorkommt und Sie drängelt, versuchen Sie es mit einem Schikanestopp. Das macht mächtig Eindruck. Überhaupt ist das Auto ein hervorragendes Exerzierfeld für angehende Arschlöcher. Eingesperrt in Ihre Blechhaut, fallen die meisten Ebenen von körperlicher Kommunikation und Scham weg. Was bleibt, ist: Deutsche Fahrzeuge sind allen anderen überlegen. Die höhere Hubraumklasse ist der niedrigeren überlegen. Der höhere Anschaffungspreis schlägt den niedrigeren. Das breitere Fahrzeug das schmälere. Und der Mutige schlägt den Feigling. Und sei es mit dem bewährten Stinkefinger. Oder der Hupe.

5. Der Nahkampf

Stellen Sie sich in der U-Bahn ruhig etwas näher zu Ihrem Nebenmann. Oder wenn das Flugzeug am Gate zum Stillstand kommt, nutzen Sie Ellbogen, Gesäß und notfalls Ihr Handgepäck. Das schafft Platz. Stehen Sie in einer Kolonne, schließen Sie auf, bis der Vordermann Ihren Atem im Hals spürt. Einfach in das Revier des Mindestkontaktabstandes eindringen, eine bewährte Arschlochregel und ein einfacher Lernschritt in der Entwicklung zum Arschloch.

6. Der Faktentrenner

In Ihrer täglichen Führungsarbeit machen Sie es wie mit dem Müll: trennen. Halten Sie sich an die Fakten. An IHRE Fakten. Auf Emotionen lassen Sie sich schon gar nicht ein. Führung ist schließlich Beziehungsvermeidungsstrategie. Wenn dem Gegenüber Tränen in die Augen schießen, dann haben Sie die Bestätigung: Sie sind auf dem richtigen Weg. Ihr Gegenüber ist eine Heulsuse, Ihren wahren Qualitäten nicht gewachsen. Lassen Sie sich durch Tränen nicht erweichen, im Gegenteil: Werden Sie laut, poltern Sie los und wiederholen Sie, was Sie vor zehn Minuten schon mal brüllten.

7. Das aufgeblasene Ego

Jeder lebt sein eigenes Leben. Das ist nun mal so. Nur Verlierertypen opfern sich für andere auf und machen sich zum selbstlosen Deppen. Sie sind ja nicht der Dalai Lama und schon gar nicht die Mutter Teresa. Da aber die Welt mehrheitlich aus selbstlosen Deppen besteht, die auf andere Rücksicht nehmen, so etwas wie Respekt vor anderen Menschen haben und sich in der Solidarität einer Gemeinschaft wohlfühlen, braucht es Typen wie SIE, die sagen, wo der Hammer hängt. Die morgens vor dem Spiegel stehen und vor Bewunderung und Verzückung so tief einatmen, bis das Ego platzt. Halten Sie die Luft an. Begeben Sie sich auf schnellstem Weg an die Arbeit. Und poltern Sie los. Wenn die Deppen meinen, Sie hätten einen schlechten Tag, hauen Sie ruhig noch drauf. Denn bevor das Gras wachsen kann, muss man den Samen tüchtig in den Boden stampfen.

Fazit:

Sie sehen, es ist ganz einfach, ein Arschloch zu werden. Kaltblütig ignorieren, gestresst hupen, im Nahkampf keine Emotionen zeigen und am Morgen so richtig Ihr Ego aufblasen. Und falls Sie einmal ein echtes Problem haben, einfach einen Schuldigen suchen, einen, den Sie für Ihre Misere verantwortlich machen können. So werden Sie schamlos reich und glücklich. Das klingt unschwer. Und ist es auch.

11.

Das Gute an Arschlöchern

Kaum zu glauben, aber es gibt auch positive Seiten an Arschlöchern. Da ist zuerst – logischerweise – mal die subjektive Seite: Es ist ganz schön befreiend, ein Arschloch zu sein. Sobald Sie allfällige Skrupel gegenüber anderen der Spezies Mitmensch abgelegt haben, lebt es sich ganz ungeniert. Wie ein Alzheimer-Patient – von dem angenommen werden kann, dass er sich in seinem eigenen, beschränkten und kleiner werdenden Universum nicht zwingend schlecht fühlen muss – wird das amtliche Arschloch sich in seiner kleinen Welt wohlfühlen, wenn es den inneren Mistkerl von der Kette lässt und sich keinen Deut um die Betroffenheit anderer kümmert.

Es hat aber vermutlich auch im Business einige Vorteile, ein Arschloch zu sein: Zuerst mal für das Unternehmen selber: Es profitiert in hohem Maße von Arschlöchern, denn erstens bedeutet dies, einen hohen Anteil an Soldaten, Sklaven und Leibeigenen zu haben, die ohne Gewissen und Skrupel Befehle von oben umsetzen, implementieren, durchziehen, ohne einen Millimeter von den Vorgaben abzuweichen. Zweitens wird Arschlochtum fälschlicherweise gerne mit Führungsstärke verwechselt. Aber Autorität entsteht nicht qua Hierarchie oder Funktion, Autorität entsteht von innen, durch Authentizität, Respekt und Wertschätzung, in vielen Berufen auch aus fachlichem Können. Der Chefkoch in einem guten Restaurant ist in der Regel auch ein begnadeter Handwerker, der sein Fach versteht. Zwar brüllt er auch rum, aber er wird geschätzt, weil er einfach noch einen Tick besser ist als seine Kochbrigade.

Arschlöcher sind in der Regel auch berechenbar. Auch dies ein Vorteil, ganz nach dem Motto: »Mir ist es egal, wenn mein Boss ein Arschloch ist, es muss einfach ein berechenbares Arschloch sein.«

Für Politiker ist es geradezu eine Kernqualifikation, nicht zuzuhören, einfach loszupoltern, dazwischenzurufen, Fragen zu beantworten, die niemand gestellt hat, auf gestellte Fragen gar nicht einzugehen, in die Kameras zu lächeln, wenn es einem nutzt, an der aufgestellten Kamera vorbeieilen, wenn es einem – vermeintlich – schadet.

Das Gute an Arschlöchern ist, dass sie nicht sehr sozialisiert sind. Sie mögen es nicht zwingend, unter weiteren Arschlöchern zu sein. Das weckt den Kampftrieb des Alpharüden. So gesehen, legen sich Arschlöcher tendenziell gegenseitig lahm. Oder, um es mit den Worten des Filmschauspielers Sir Alec Guinness zu sagen: »Schlechte Argumente bekämpft man am besten, indem man ihre Darlegung nicht stört.«

Kurz: Überall, wo ein überhöhtes, aufgeblasenes Ego hilfreich ist, ist es gut, ein Arschloch zu sein. Oder Arschlöcher erkennen zu können. Dass dies mehr sind, als man denkt, zeigt Ihnen der zweite Teil dieses Buches, der Bestimmungsteil »Wie erkenne ich ein Arschloch?«.

12.

Der große Arschloch-Bestimmungsteil: Wie erkenne ich ein Arschloch?

Mit Arschlöchern ist es wie mit guter Qualität: Sehr schwer zu definieren, aber leicht zu erkennen. Ich persönlich kann gute Qualität sehr schnell erkennen. Und Arschlöcher ebenso. Das braucht etwas Übung und Erfahrung. Hier ein kleines Bootcamp im Arschloch-Erkennen. Ein Trainingslager für Ihre A-Sensoren, ein praktischer Bestimmungsteil mit über 500 Arschlochspezies aufgelistet. Diese Zahl hat selbst mich erstaunt.

Aber wie anfangen? Welche Merkmale und Kriterien machen ein Arschloch aus? Wird man zum Arschloch qua Tätigkeit? Also durch Politik, Büro, Wirtschaft, Sport? Oder qua Beruf? Also ganz automatisch zum Arschloch werden durch einen Arbeitsvertrag bei der Polizei, beim Einwohnermeldeamt, auf der Post, bei der Bank, als Lehrer oder bei der Telekom? Oder qua Funktion? Von der Prokura an aufwärts? Oder qua Herkunft? Die Deutschen mehr als die Franzosen, die Gelben weniger als die Schwarzen? Oder qua Merkmal? Die Dicken, die Dünnen, die Großen, die Kleinen, die Schnellen, die Langsamen? Oder nach moralischen Maßstäben? Diebe mehr als Erpresser? Pfaffen mehr als Internatsleiter? Mercedes-Benz mehr als Jaguar? Oder ganz einfach willkürlich nach subjektiven Kriterien und bequemen Vorurteilen? Blondinen? Tussen? Türken? Sie sehen, Ordnung in die reine Leere der Arschlochologie zu bringen, ist anspruchsvoll.

Einzig durchgängiges Kriterium für mich ist das Verhalten. Dies lässt eine weitestmögliche Kategorisierung zu, und es kann auf zwei Achsen das ganze Arschlochuniversum abbilden: Einerseits auf einer Gefühlsachse, also »emotional« versus »rational«, und anderseits auf einer Verhaltensachse (Wie ist das Verhalten gegenüber Veränderung?), also »veränderungstreibend« versus »veränderungsresistent«.

Wie erkenne ich ein Arschloch? Die Leadershit-Matrix

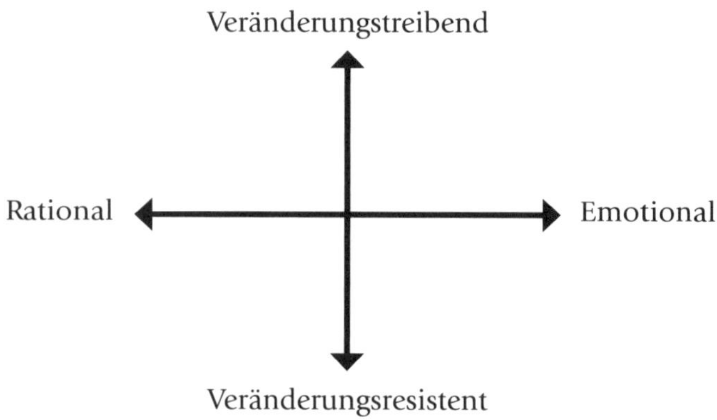

Nach langem und intensivem Forschen komme ich mit dieser Leadershit-Matrix dann auf sieben Arschlochtypen (oder – um bei der Terminologie des Bestimmens zu bleiben – auf sieben Arschlochgattungen):

Die sieben Arschlochgattungen

Hier die Arschlochgattungen, leicht erkennbar, gut bestimmbar und so präsent wie Mundgeruch am Morgen danach.

A: Die Cheerleaders und Entrückten

Das ist, nimmt man die Matrix als Kompass, das Nord-Ost-Arschloch, der Realität entrückt, meist in den Teppichetagen.

B: Die Egomanen und Grenzgänger

Eingemittet zwischen Wahnsinn und Genie, die pionierhafte Stoßtruppe des Arschlochtums.

C: Die Eierköpfe und Klugscheißer

Der Elfenbeinturm der Arschlochologie befindet sich im Nordwesten, schützendes Biotop für Erbsenzähler & Co.

D: Die Diven und Heißsporne

Emotional, zickig und unausstehlich: die sanguinistischen Vulkane.

E: Die Survivors und Indifferenten

Quasi in the middle of nowhere und der eigenen Bedeutungslosigkeit gefangen.

F: Die Biedermeier und Brandstifter

Spießertum hat eine Adresse: im Südwesten.

G: Die Fundis und Ayatollahs

Versuchen Sie diese Klientel nicht zu missionieren. Gefangen in der eigenen Welt des Glaubens und der Dogmen, entwickeln Sie ihre giftige Sickerwirkung.

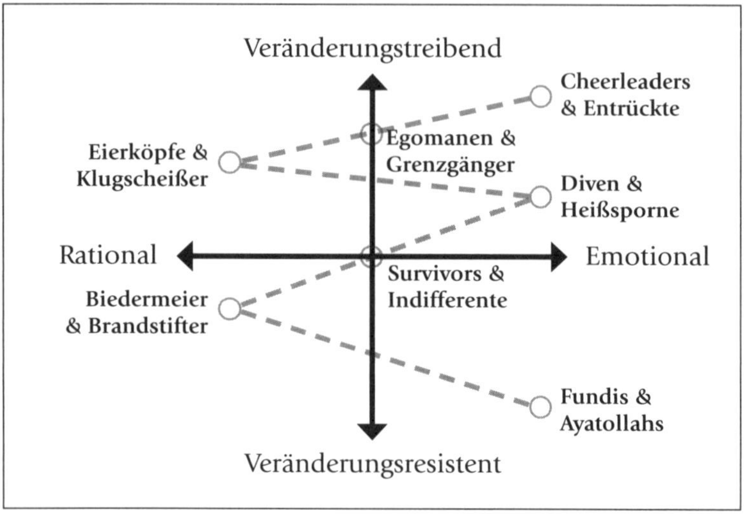

Also, los geht's, zum Bestimmungsteil der fortgeschrittenen Arschlochologie, quasi ein Lexikon der Arschlöcher, in jeder der sieben Gattung schön säuberlich aufgereiht, von A bis Z, vom Alpharüden bis zur Zimtzicke.

A

Wie erkenne ich ein Arschloch?
Der große Arschloch-Bestimmungsteil:

Die A-Gattung: Die Cheerleaders und Entrückten

Narziss(t)en blühen nicht nur an Ostern. Cheerleaders und Entrückte sind sehr emotional und euphorisch gegenüber Veränderung, sie sind die Wanderprediger des Wandels. Berauscht von den eigenen Powerpoint-Folien, ist Wandel »Null-Problemo«. Wie im richtigen Leben steht der Cheerleader abseits vom Spielfeld, weit weg von Schweiß, Blut und Tränen. Die Mannschaft liegt zwar fünf zu null im Rückstand, kein Grund für einen Cheerleader, zu verzagen und nicht weiterhin laut »weeee aaaaarrrrhhhhe the tschääääämpieeensss …« zu grölen oder »go-for-it-go-for-it« zu hüpfen. Meist anzutreffen in den Chefetagen, »disconnected from reality …« oder zu Deutsch: durch hochflorige Teppiche entrückt vom realen Leben.

Der Abgehobene

Bleibt auf dem Teppich – auch wenn dieser fliegt.

Der Alpharüde

Das Dominanzverhalten des Alpharüden hat einen simplen Fokus: Wer ist der Boss im Rudel? Das ist die alles bestimmende Frage. Und die muss immer wieder neu ausgefochten werden. Hier spielt das Arschloch souverän die Überlegenheitskarte. Es geht darum, einen knurrenden Kollegen zu unterwerfen. Im Menschenzwinger des Managements geht es beim

Befehl »Platz« nicht allein um den faktischen Vorgang, sich hinzusetzen, sondern um die Demonstration von Macht und Dominanz. Dieses Gehorsamkeitstraining ist tägliches Ritual, genau wie die Dressur eines Hundes stetiger Wiederholung bedarf. Der Alpharüde fällt die Entscheidungen und duldet wenig Widerspruch. Schließlich regieren ja nicht die Affen den Zoo. Wichtig in diesem Vorgang ist dabei nicht so sehr, »ob sie selbst der Chef sind oder nicht – wichtig ist vor allem, dass sie ihre Rolle kennen. Ihre Position im Rudel. Bei Hunden ist dies angeboren – das haben die in den Genen.«[15] Ein einsamer Wolf wird sich weder von Niederlagen noch von der Konkurrenz abschrecken lassen. Das ist eine seiner Alphastärken: Verbissen werden Ziele verfolgt, Reviere abgesteckt, Hackordnungen gepflegt, Beißreflexen freier Lauf gelassen, frei nach dem Motto: Zwei Leitwölfe sind einer zu viel. Einige Durchsetzungsstrategien von Alpharüden sind:

1. Wer lauter spricht, hat recht, es geht nicht um Inhalte, sondern ums Durchsetzen.
2. Wer unterbricht, siegt.
3. Lospoltern, wenn man provoziert wird.
4. Einschüchtern gehört zum Arsenal, wer mich angreift, kriegt eins auf die Mütze.
5. Monologe sind gut, solange ich sie führe.
6. Ellbogen sind dafür da, eingesetzt zu werden, notfalls wachsen Rasierklingen an den Ellbogen.
7. Gehör verschafft sich der, der physisch dominanter auftritt.
8. Notfalls so richtig auf den Tisch hauen und zeigen, wo der Hammer hängt.
9. Provokationen klären die Fronten schneller als langes Herumdiskutieren.
10. Sitzungszimmer sind wie die Weiten Sibiriens, ein dickes Fell hilft.

So erkennen Sie einen Alpharüden. Es scheint, als ob die Tränen der anderen Balsam für die Alphaseele sind.

Der Angeber

Ein Angeber ist ein sehr edler Mensch, der um die wahren Werte weiß. Er hat begriffen, dass die Grundlagen eines durchdachten Wertesystems Egoismus und Bewunderung durch andere sind.[16] Hier etwas Lebenshilfe für intellektuelle Klugscheißer: Prahlen Sie mit Ihrem Halbwissen. Oft helfen schon einige Brocken Latein. Einfach ins nächste Gespräch einfließen lassen: Alter Ego, Carpe diem, Errare humanum est, Expressis verbis, In spe, In vino veritas, Modus vivendi, Mea culpa, Persona non grata, Quo vadis, Summa summarum, Tempus fugit, Ultima ratio. Sie verstehen nur Bahnhof? Macht nichts, ein Blender und Pimper ist nur auf Effekt fokussiert: Inszenieren, bluffen, aufschneiden, protzen, wichtig tun.
Vgl. > Der Großkotz

Der Berufsoptimist

Vgl. > Der Optimist

Der Blender

»Würde jemand mit einer psychopathischen Persönlichkeit, der grundsätzlich nicht davon angetan ist, sich seinen Lebensunterhalt auf ehrliche Weise zu verdienen, überhaupt daran interessiert sein, bei einem (...) Unternehmen zu arbeiten? Leider müssen wir diese Frage bejahen. Ohne es zu wollen, sind die Organisationen in den letzten Jahren für Psychopathen nämlich viel attraktiver geworden. Schnelles Wachstum, stärkerer Personalabbau, häufige Reorganisationen, Fusionen, Übernahmen und Joint Ventures (...) bieten verlockende Betätigungsmöglichkeiten«[17] für Blender und Bluffer.

Die gerade in Deutschland verbreitete Angst- und Misstrauenskultur leistet den Blendern und Bluffern Vorschub: »Wenn Geheimhaltung zur Kultur der Organisation gehört, können Blender sich viel besser verstecken, und für das Management ist es erheblich schwieriger, sie bei ihren Lügen zu ertappen, ihre Leistung zutreffend zu beurteilen oder zu erkennen, wie sehr sie ihre Kollegen ausnutzen.«[18]

Der Bullshitter

Ein Problem ist eine Herausforderung. Worthülsen und euphemistischer Sprachgebrauch zeichnen den Bullshiter aus. Airbag-Rhetorik, Plastikwörter und Schaumsprache: Unmöglich ist anspruchsvoll, ergebnisorientiert heißt ohne Rücksicht auf Verluste, interessant heißt langweilig, spannend dito, Win-win heißt: Eins für mich, eins für dich. Und noch eins für mich.

Der Charismatiker

Stil schlägt Inhalt.[19]

Der Dampfplauderer

Die Kernkompetenz ist, warme Luft zu produzieren auf der Basis des Nichtvorhandenseins jeglicher Sachkenntnis. Mit dem Kopf in den Wolken atmet er durch die Haut, um zu verhindern, dass jemand anders zu Wort kommt. Wichtige Eigenschaft, um in der Werbung, im Vertrieb, als Vorstandsvorsitzender oder als Politiker Karriere zu machen. Zu erkennen an abgenutztem und abgetakeltem Endlosgeschwafel und Worthülsen wie »Win-win-Situation«, »Multi-Level-Approach« usw.

Vgl. > Die Nebelgranate

Der Demagoge

»Demagogie betreibt, wer bei günstiger Gelegenheit öffentlich für ein politisches Ziel wirbt, indem er der Masse schmeichelt, an ihre Gefühle, Instinkte und Vorurteile appelliert, ferner sich der Hetze und Lüge schuldig macht, Wahres übertrieben oder grob vereinfacht darstellt, die Sache, die er durchsetzen will, für die Sache aller Gutgesinnten ausgibt und die Art und Weise, wie er sie durchsetzt oder durchzusetzen vorschlägt, als die einzig mögliche hinstellt.«[20] Das muss alternativlos ein Politiker sein.

Der Despot

Der Despot braucht Untertanen. Sie sind Sklaven, zu unbedingtem Gehorsam verpflichtet. Diese frugale Form von Macht und Willkür aus byzantinischen Zeiten ist nicht ausgestorben, im Gegenteil, im Management der Neuzeit ist selbstherrliches Regieren nicht Ausnahme, sondern die Arschlochregel: Ich bin das Gesetz, Köpfe, die rollen, können sich nicht mehr wehren.
Vgl. > Das authentische Arschloch

Der Egoist

Er ist eine gemeine, geschmacklose Person, die sich mehr um ihre eigenen Interessen kümmert als um meine.

Der Egomane

Vgl. > Der Narziss

Der Egozentriker

Das Ich steht im Zentrum – und somit im Wege.

Das Empathiedefizit

Die Basisausstattung und Grundvoraussetzung des amtlichen Arschlochs.

Der Fanatiker

Vgl. > Der Cheerleader

Die Föhnfrisur

Der Papst Benedetto (»Wir sind Papst«) hat nach vier Jahren Amtsführung eine. Die Sozi-Bosse Schröder, Steinmeier, Gabriel haben konsequenterweise auch eine. Untrügliches Zeichen, dass die »Elite« Bodenhaftung verloren hat.

Der Förderer

Vgl. > Der Pate

Der Freigänger

Er wirkt zwar frei, sitzt aber abends wieder im Knast. Achtung, der Bewährungshelfer ist nicht weit.

Der Gutmensch

Sie bauen Krötentunnel und kochen für den Frieden, sie leiden persönlich am Klimawandel und kämpfen gegen Rassismus, indem sie Schokoküsse oder Solidarschaumgebäck anstelle von Mohrenköpfen oder Negerküssen essen.[21] Sie sammeln Unterschriften auf Wochenmärkten, sie sind Gäste in Talkshows, Prediger in den Feuilletons und wollen immer nur das Beste[22], Weltverbesserer, Gesinnungsmissionare. Eine Spezies, die nervt. Sie haben sicherlich gute Absichten, aber zwischen gut gemacht und gut gemeint gibt's einen Unterscheid. Es mag etwas kurz gedacht sein, wenn man den Glauben an die Verbesserbarkeit einer unbequemen Wirklichkeit als gutmenschliches Hirngespinst abtut. Menschen, die etwas für andere tun, anderen helfen, ohne selbst einen materiellen Vorteil davon haben, sind nicht per se schlecht. Aber die Bonos und Geldofs dieser Welt, die selbstgerecht ihren Heiligenschein schon zu Lebzeiten polieren und PR-

Agenturen beschäftigen, damit das Komitee des Friedensnobelpreises auf sie aufmerksam werde, das nervt. Im Management nicht anders. Heuchler und Pharisäer, denen politische Korrektheit wichtiger ist als ein klares Wort, die eine Toleranz leben, die in der Konsequenz Beliebigkeit ist: Da werden Defizite sprachakrobatisch und politisch korrekt umgedeutet in »Lern- und Entwicklungsfelder« – die Negerküsse biegen sich vor Scham. »Für den Sieg des Bösen reicht es schon, wenn die guten Menschen ihr Bestes tun« (Charles Bukowski). Ein Typus Mensch, der verbreitet als Personaler durch die Chefetagen schwebt.
Vgl. > Der Fremdschämer

Der Hasardeur
Steht immer kurz vor dem großen Durchbruch, dem todsicheren Geschäft, ist Weltmeister im Zerstreuen von Bedenken. Als Beweis präsentiert Ihnen der Hasardeur Staatsgarantien von Albanien und Tschetschenien, als Security die Hells Angels oder die Bandidos, das ganze Geschäft wurde von einer griechischen Ratingagentur abgesichert, und der zielorientierte Projektleiter stammt aus Burkina Faso. Sein Lächeln ist verbindlich, seine Freundschaft funktional.

Der Helikopter
Aus dem Nichts auftauchen, auf Punkt landen, Staub aufwirbeln und wieder abheben.

Der Jogger
Vgl. > der Dndorphin-Junkie

Die Joggerin
»Ich jogge einmal in der Woche, damit ich mich wenigstens einmal stöhnen höre.«[23]

Der Kamikaze

Er führt seinen Rottweiler ohne Leine am Kinderspielplatz spazieren: »Nein, der beißt nicht.« Hauptberuflich Risikomanager in einer verstaatlichten Bank, der aufgrund der Vergangenheit die Zukunft voraussagt.

Der Kommunikator

Die Bürotür ist weit offen. Der Bewohner dieses Büros jedoch gerade in Sitzung, auf Geschäftsreise oder im Büro des Bosses. Frage an Sie: Kommunizieren Sie schon, oder reden Sie noch? Ist Ihnen schon mal aufgefallen, dass wir ständig kommunizieren? Was heißt jedoch »kommunizieren«? Was hat es zu bedeuten, wenn ich meiner geliebten Ehefrau sage: »Liebling, ich habe dir das doch klar kommuniziert.« Uffhh, das tönt nach einem echten Problem. Ich weiß nicht, wie es Ihnen geht, aber mit meiner Frau kommuniziere ich nicht, sondern ich rede. Reden ist ergebnisoffen, ist mehr auf das Zuhören fokussiert. Kommunizieren hingegen ist zielorientiert, man will etwas erreichen, egal, was der Empfänger zurücksendet. Für viele Führungskräfte wäre es also besser, weniger zu kommunizieren und mehr zu reden.

Der Kulissenschieber

Vgl. > Der Placebo-Manager

Der Machtmensch

Ein Machtmensch wird dies nie zugeben. Aber er spielt die Klaviatur der Macht, pflegt die Insignien (oder haben Sie schon mal einen Vorstand gesehen, der nicht hinten rechts im Fond sitzt?), und sie beurteilen den Wert anderer. »Das kann darauf beruhen, dass sie in der Hierarchie weit oben stehen (positionsbedingte Macht) oder technische Fähigkeiten (Macht durch

Fachkenntnisse), Zugang zu Informationen (Macht durch Wissen) oder die Kontrolle über Leute, Geld und andere Ressourcen (resourcenabhängige Macht) haben.«[24] Der Machtmensch wird nicht nur die Machtlinien erforschen, sondern er verfügt auch über Milieuintelligenz, er kann informelle Regeln »lesen«, er kann außerhalb der Machtlinien Einfluss nehmen. Beobachten Sie mal die Aufbruchstimmung am Ende einer Sitzung: Da und dort stecken zwei die Köpfe zusammen: »Herr Kellermann, könnten wir noch rasch das Projekt XY besprechen …« Das sind die wahren Machtlinien, die informellen. Der Machtbesessene baut an diesen Netzwerken. Tag und Nacht.
Vgl. > Der Wahrnehmungsmanager

Der Optimist
Einer, der Sudoku mit Kugelschreiber ausfüllt. Oder: »Ein Mensch, der ein Dutzend Austern bestellt in der Hoffnung, sie mit der Perle, die er darin findet, bezahlen zu können« (Theodor Fontane).

Das Plappermaul
»Man ist Sklave seiner Worte und Herr seines Schweigens« (Antanas Mockus, kolumbianischer Philosoph und Politiker).

Die Quasselstrippe
Verliebt in den eigenen Monolog, kaum mit Verbalgrätschen zu stoppen, redet ohne Punkt und Komma.

Das Riesenarschloch
Steigerung des gemeinen Arschlochs. Die nonverbale Aussage, die ihn umgibt, ist: »Da ich in diesem Raum derjenige mit dem vermutlich höchsten Einkommen bin, hört ihr jetzt alle mal ganz schön zu.«

Der Ritalin-Survivor

Als Kind hyperaktiv Lehrer und Eltern genervt, als mittlere Führungskraft dem hektischen Aktionismus verfallen. Typisches Erkennungsmerkmal: Mehr als zwei Seiten To-do-list, 16-Stunden-Tag und Burn-out-Kandidat.

Der Rosstäuscher

Die Grenzen sind fließend geworden in den Teppichetagen zwischen cleverer Schlitzohrigkeit und der Rosstäuscherei. Diese kennt viele Arten des Betrugs, sei es durch Schönfärberei, gedehnte Statistiken, asymmetrischer Information, Kaschieren von Makeln oder gezieltes Weglassen von Information. Alles Lug und Trug? Nein, denn die Fakten stehen alle im Back-up der Präsentation. Nur liest den selten jemand.

Vgl. > Der Opportunist, Der Lügner, Der Schaumschläger

Der Schnickedöns

Norddeutsch für »Werber«, wörtlich zu übersetzen mit »aufgeblasenes, überflüssiges Nichts«.

Der Selbstdarsteller

Die Grenzen zwischen einem souveränen Auftritt und einem Selbstdarsteller sind fließend. Kennen Sie einen todsicheren Indikator, um die Grenze zu definieren? Wenn einer in einen normalen Satz fünfmal das Wort »Ich« einbauen kann, gehört er zur Kategorie Selbstdarsteller.

Der Selbstüberwältigte

Dem Mann will einfach nichts Bescheidenes gelingen, die eigene Großartigkeit steht ihm im Wege, er ist tief betroffen und ergriffen von der Größe seiner Kleinheit.

Vgl. > Der Narzist

Der Unfehlbare
Vgl. > Der Papst

Der Ungeduldige
Ist Ihnen schon aufgefallen? In Interviews mit Top Shots gibt es meist ein Kästchen mit den biografischen Daten und einigen Stichworten zur Person, so unter anderem Stärken und Schwächen. Und was steht meist bei Schwäche? Richtig: Ungeduld. Und was versteckt sich hinter dieser Ungeduld? Eine vermeintlich als Schwäche getarnte Stärke. Und was ist mit Ungeduld wirklich gemeint? Wenn Sie das Vorzimmer fragen: unbeherrscht, aufbrausend, alles muss schon vorgestern erledigt sein.

Der Ungefähre
Wenn du nicht weißt, wo das Ziel ist, ist jeder Weg der richtige.

Der Visionär
Ein befreundeter Psychiater fragte mich mal: »Warum redet ihr in eurer Managementsprache immerzu von ›Visionen‹?« Nun, ich versuchte, ihn in die Geheimnisse postheroischen Managements einzuführen (> Vision, > Mission, > Strategie, > Businessplan, > Controlling). Er schüttelte den Kopf und erwiderte: »Komisch, Visionen in unserer medizinischen Definition sind ›übernatürliche Erscheinungen‹ oder ›Halluzinationen‹!« Führen Sie Ihre Unternehmung mit Halluzinationen oder mittels übernatürlicher Erscheinungen?

Der Vorturner
Präsentiert seine Powerpoint-Folien als Brainwash-Übung. Tschakka-Tschakka lässt grüßen.

Der Werber
Die wortreiche Nullnummer.

Der Winnertyp
Ihm will einfach nichts Bescheidenes gelingen. Überhaupt ist Bescheidenheit etwas für Verlierer.

Der Wolkenschieber
Die Meister der Placebo-Kommunikation. Meist in Form von Pressesprechern, Kommunikationsbeauftragten oder anderen Meinungsarchitekten verbreiten Sie das Gegenteil von Information: Mit Floskeln, Phrasen, Nebelgranaten, Wortschnitzereien und heißer Luft gelingt es ihnen wortreich, nichts zu sagen.
Vgl. > Der Dampfplauderer, Der Eigentlich

B

Wie erkenne ich ein Arschloch?
Der große Arschloch-Bestimmungsteil:

Die B-Gattung:
Die Egomanen und Grenzgänger

Ein berühmter Gründer einer erfolgreichen PR-Agentur erzählte mir mal das unzitierbare Prinzip von »Hollywood-PR«: »Man kann auch in die Ecke kacken, um aufzufallen.« Die zweite, eingenordete Gattung der Arschlöcher entspricht genau dieser Aussage: Hauptsache auffallen, Hauptsache Arschloch, alles andere kommt danach. Grenzen sind da, um gebrochen zu werden – auch eigene –, und abgerechnet wird in der eigenen Währung. Gespannt auf mehr? Hier die Gattung der Egomanen und Grenzgänger.

Der Aggressive

Der Feldherr tut's, der Boss tut's, der Alpharüde und die Stutenbeißerin tun's. Aggressives Verhalten gehört einfach zum Basisinventar des amtlichen Arschlochs, denn handzahme, auf Ausgleich bedachte Arschlöcher gibt es nicht.

Die Arrogante

Ihr Blick bringt einen Kaktus zum Welken.

Der Aufschneider

Vgl. > Der Blender

Der Ausschnittausspäher

Sieht das mit der Globalisierung völlig entspannt, frei nach dem Motto: »Fremde Länder, fremde Titten.«

Vgl. > Der Libidinöse

Der Banker

Eine Bank zu gründen, ist immer noch das perfekteste aller Verbrechen. (Bertolt Brecht)

Der Barbar

Vgl. > Das Schreckensbild

Der brillante Bastard

Ein Bastard ist eine Promenadenmischung. Der brillante Bastard ist ein Hund, der Leistung erbringt, obwohl man es von ihm nicht erwartet, bzw. dem es immer wieder gelingt, den Kopf in letzter Sekunde aus der Schlinge zu ziehen.

Der Berater

Auch Irre sind menschlich.

Der Berserker

Überarbeitete Mitarbeiter sind das Kapital der Firma, schließlich entstehen Diamanten unter Druck.

Die Bestie

Vgl. > Der Kotzbrocken

Der Blackberry-Arsch

Diese Spezies hat einfach doppelt Pech: Erstens, immer die schlechten Handyverbindungen in den Airport-Lounges oder in den feinen Restaurants. Sonst würden sie wohl kaum so laut reden. Zweitens haben sie immer schlecht sitzende Unterhosen, denn sie hantieren während des Telefonierens dauernd am Schniedelwutz rum. Und sie fuchteln mit den Händen (meine Schwiegermutter spricht lauter am Telefon, wenn ich sie aus dem Ausland anrufe, als wenn ich in der Gegend bin).

Sie zeichnen sich auch durch ausgeprägte Ausgestaltung der weiblichen Seite aus, denn sie sind wahre Könner im Multitasken: Nebst Aktenstudium und simultanem Mailverkehr (wozu unter dem Tisch, es soll jede Dumpfbacke sehen, dass mich die Powerpoint-Sülze nicht vom Hocker haut) schaffen sie locker noch diskretes Nasenbohren. Typisches Merkmal: Kommt zu spät an die Sitzung, geht dafür früher. Eigentlich schade, dass durch die ständige Erreichbarkeit und durch die E-Mail-Funktion der Handys die Qualität der Kommunikation schlechter wurde. Und nicht besser.

Der Bling-Bling

Mit stark funkelndem Schmuck behangen, blufft man, was das Zeug hält. Blender und Täuscher sitzen nicht nur in den Vorständen dieser Welt, auch Politiker lassen gerne blinken: Der französischen Expräsident Nicolas Sarkozy wurde »président bling-bling« genannt, weil seine kleinwüchsige Selbstdarstellung, seine offene Zurschaustellung von Statussymbolen wie Ehefrau, Segelyachten und Uhren echte Bling-Bling-Qualitäten haben. Auf die Dauer lässt sich ein Volk eben nicht blenden. Zumindest nicht die Franzosen.

Vgl. > Der Angeber

Der Bluffer

Vgl. > Das Pokerface

Der Bock

Vgl. > Der Ausschnittausspäher

Der Bösewicht

Vgl. > Der Kotzbrocken

Der Chef

Wenn 37,4 Prozent der deutschen Arbeitnehmer aus eigener Erfahrung unter der Wirkung von Arschlöchern leiden, liegt die Vermutung nicht fern, dass die wichtigste Qualifikation zum Boss sei, dass »der Arzt ihn bei seiner Geburt auf den Kopf fallen ließ. Vielleicht war er ja auch von Wölfen aufgezogen, von Außerirdischen in einem Feld vergessen oder als Kind von einem tollwütigen Hund gebissen worden.«[25]

Der Chief Zocking Officer

Vgl. > Der Zocker

Der Dandy

Der Dandy hat keinen anderen Beruf als die Eleganz.[26]

Der Dekadente

Vgl. > Der Papst

Der Diktator

Wer nicht für mich ist – ist gegen mich. Und landet im Kerker. Oder wird mit Verachtung bestraft.

Die Domina

Gestärkt mit Teflon und Latex, überlebt dieses als Frau getarnte Ungetüm dank devoteren Arschlochtugenden der anderen im Geschlechterkampf.

Der Dompteur
»Wie soll ich Löwen bändigen, wenn ich lauter Affen um mich habe?«

Der Duzer
Spricht sein unbekanntes Gegenüber grundsätzlich per Du an, »schließlich sagt es sich einfacher ›Du Arschloch!‹ als ›Sie Arschloch!‹«.

Der Einzelkämpfer
Der Teamgedanke ist etwas für Weicheier und die Sonntagspredigt.

Der Ellbogenkämpfer
Geht es Ihnen auch so? Im Flugzeug sitzt er immer neben Ihnen. Und besetzt als Erstes die gemeinsame Armlehne, sodass Ihr Ellbogen immer wieder abrutscht, weil nur noch die vordersten zehn Zentimeter der Sitzlehne frei bleiben. Nach 20 Minuten schläft er ein, neigt den Kopf auf Ihre Seite, der Arm rutscht langsam in Ihre Rippen und aus dem Mund tropft nach und nach der Speichel auf sein Hemd. Sie danken dem Gravitationsgesetz, das auch im Flugzeug gilt. Gemach, beim nächsten Luftloch wendet sich das Blatt: Er rutscht auf die andere Seite, und Sie sind erlöst. Ihre beruhigende Lernkurve: Der Ellbogen kann zwar kurzfristig verdrängen, aber nicht die Physik überlisten.

Der Endorphin-Junkie
Junkies auf der Straße sind arbeitsscheu, so das Klischee. Endorphin-Junkies auf der Straße haben am Arbeitsplatz nicht genügend gearbeitet, sonst hätten sie nicht noch die Energie, nach Feierabend loszurennen. So die gewagte These. So oder so: Endorphine regeln Empfindungen wie Schmerz, Hunger, produ-

zieren Sexualhormone und sind mit verantwortlich für die Entstehung von Euphorie. Bei hoher körperlicher Leistung, zum Beispiel langes Joggen und Marathon, entsteht diese Euphorie nach einigen Kilometern. Ein Kick, der süchtig macht. Und im Gegensatz zu anderen euphorisierenden Drogen gesellschaftlich akzeptiert ist. Denn sie rennen, um bessere Leistung am Arbeitsplatz abrufen zu können. Verkehrte Welt der Junkies.

Der Entscheider

Vgl. > Der Erfolgreiche

Der Erfolgreiche

Journalist: »Worauf führen Sie Ihre Erfolge zurück?«
Manager: »Auf richtige Entscheidungen.«
Journalist: »Und wie kommen Sie zu Ihren richtigen Entscheidungen?«
Manager: »Durch Erfahrung.«
Journalist: »Und wie kommen Sie zu Ihren Erfahrungen?«
Manager: »Durch falsche Entscheidungen.«

Der Flegel

Vgl. > Der Grobian

Der Gauner

Vgl. > Der Betrüger

Der Geisterfahrer

In der falschen Richtung unterwegs? Ja, richtig, es sind hunderte …

Der Gib-niemals-auf

Vgl. > Der Mentaltrainer

Der Gierige

Er wurde in frühester Jugend von seiner Mama durch den Pullover gestillt. Das erklärt die permanente Unzufriedenheit, die Selbstbedienungsmentalität, das Nie-genug-Haben und die übertriebene Rivalität. Alle, die in seinem Spiel nicht mitspielen, sind minderwertige Wesen, die Verachtung verdienen. Missgunst und Neid ist etwas für Besitzlose. Ist der Ruf mal ruiniert, lebt's sich ganz ungeniert.

Vgl. > Der Zocker

Der Grenzgänger

Als innovativer Querdenker getarnter Dilettant, denn um die Regeln zu brechen, muss man sie zuerst beherrschen.

Der Grobian

Vgl. > Die Dumpfbacke

Der Größenwahnsinnige

Ein Großkotz-Derivat.

Der Großkotz

Die fleischgewordene Niete in Nadelstreifen. Mauschelt sich als notorischer Angeber durch, fährt einen »Hausfrauenpanzer« (SUV) und lehnt mit dem Ellbogen im Seitenfenster.

Vgl. > Der Hasardeur

Die Hackfresse

Ein Gesicht zum Reinhauen.

Der Herdplattenanfasser

Der Unbelehrbare: Lässt nichts aus, handelt wider besseres Wissens, lernt auch nicht durch Schmerz und Reputationsverlust.

Der Hirnamputierte

Kopfschuss ohne Wunde, pflegte mein Vater zu sagen. In der Regel hat dieser Kriegsversehrte schon mehrere Büroschlachten überlebt, das zunehmende Alter macht ihm zu schaffen. Macht nichts, die Sekretärinnen und die Gespielinnen werden jünger, die PS-starken Kompensationsvehikel (Harley Davidson oder sonst welche Playmobile aus Zuffenhausen, Ingolstadt oder Maranello) größer, schneller und teurer. Das Hirn ist vom Fahrtwind bereits trocken gelegt und funktionstechnisch runtergefahren, das, was sich jedoch noch heftig bewegt, sind die Mundöffnung und der entsprechend warme Luftstrom, der zusammenhangslos aus der Mundhöhle schwallt. Ein rhetorischer Zufallsgenerator.

Der Hochstapler

Die Welt will betrogen werden, zwischen Lüge und Wahrheit gibt es noch das breite Feld der Fantasie, wie wir es gerne hätten. Diese Fantasien bewirtschaftet der Hochstapler. Da ein falscher Titel, dort ein skrupelloser Heiratsschwindel, und wenn die Dummen es wirklich wollen, rutschen sie devot auf Knien zu Betrügern, um ihr ach so untreues Geld in windigen Anlagen final zu entsorgen.

Vgl. > Der Banker

Der Holzhammer

Nimmt das mit den schlagenden Argumenten etwas allzu wörtlich. Wo der hinkommt, da wächst kein Gras mehr. Einsam und allein zieht dieser Ich-bezogene Einzelgänger seine Spuren in den Sitzungszimmern dieser Welt. Wird vermutlich auch dem vor Freude lächelnden Petrus an der Himmelspforte die Zähne einschlagen.

Das Jackass
Ein Schwachkopf oder Vollidiot. Ursprünglich von MTV-Kameras beobachtet, vollführt das Jackass sinnfreie, gefährliche und selbstgefährdende Idiotien, Streiche, Mutproben und Stunts. Die wörtliche Übersetzung liegt ausnahmsweise nicht weit daneben: der Esel.

Der Jetzt-auf-gleich
Vgl. > Der Speedmanager

Der Kackbratzen
Vgl. > Der Kotzbrocken

Die Kampfsau
Dies ist unser Haudrauf. Das ganze Leben ist Kampf, es besteht aus Siegern und Besiegten, klar, zu welchen er gehört. Mit Vergnügen organisiert er einen Event zur Teamentwicklung – am liebsten Outdoor, noch lieber, wenn einzelne Teammitglieder einige Kilos zu viel auf den Hüften haben oder weiblichen Geschlechts sind und Freude an gepflegten, ungebrochenen Fingernägeln haben. Denn wie sagt dieses Schwein der Finsternis: Es gibt zwei Arten der Selektion. Die natürliche. Und die willkürliche.

Der Konsequente
Beschönigende Bezeichnung eines harten Hundes. Stellt eine Entscheidung nie in Frage, ist der knallharte Vollstrecker. Dass sich alle Sympathien von ihm abwenden, bedeutet Lustgewinn. Ist Polterer und Scharfmacher, braucht martialische Sprache, plädiert für die harte Gangart, notfalls mit der Brechstange.

Der Kotzbrocken

Ein Widerling, der notfalls mit Gewalt oder falschen Versprechungen sein Ziel verfolgt. Ist jedes Jahr nominiert für die Top Five der Qualarbeitgeber.

Der Kreative

»Lerne die Regeln – und brich sie. Sei wie immer – und handle wie noch nie.«

Der Lacher

Die Art zu lachen sagt viel über ein amtliches Arschloch aus. Hier eine kleine Auswahl:

- Der gepresste Lacher: hat etwas Fieses.
- Der geprustete Lacher: Spannen Sie den Schirm auf!
- Der gehechelte Lacher: fast wie das Blöken einer Ziege.
- Der brüllende Lacher: die Dampfwalze, warum lachen Sie nicht mit?
- Der gehauchte Lacher: Sie wollen mir was sagen?
- Der blökende Lacher: wie ein defekter Anlasser.
- Der unterdrückte Lacher: Heute will uns einfach nichts gelingen.
- Der Gruppenlacher: immer etwas zu spät, dafür politisch korrekt.
- Der Zwangslacher: keine Ahnung, warum.
- Der ansteckende Lacher: herzlich und gut.
- Der singende Lacher: Hhhmmmmmoooooooaaaaahhhhhuuuuu, und das in allen Tonlagen.
- Der Endloslacher: Das ist schon lange nicht mehr lustig.
- Der kichernde Lacher: passt als Teenager, aber nicht im Sitzungszimmer.
- Der schulterklopfende Lacher: Das soll lustig sein?
- Der glucksende Lacher: immer kurz vor dem Erstickungstod.

- Der geräuschlose Lacher: Irgendwie strahlt das ganze Gesicht.

Lachen ist gesund. Und gut für die Fortpflanzung, denn Humor ist statistisch gesehen das, was die Damenwelt am stärksten zu den Männern hinzieht.

Der Lexikon-Drücker

Ist grundsätzlich mit der großen Flinte unterwegs. Und es wird auf alles geschossen, was sich vor dem Korn bewegt. Skrupel ist ein Fremdwort, denn »wenn du kurz vor dem Abschluss stehst, ist nicht der richtige Zeitpunkt, den heiligen Martin zu geben«. Mit Penetranz und einem abgeklärten Verhältnis zu Wahrheit und Fakten verkauft er nach dem AUA-Prinzip: Anhauen – Umhauen – Abhauen. Oft aus prekären Familienverhältnissen mit Bindungsarmut stammend, machen ihnen Erniedrigung vor der Gruppe, Geld- und Nahrungsentzug, Gewalttätigkeiten wenig aus. Konsequenterweise sprechen Sie auf Anerkennung und Belohnung sehr gut an (»Komm, hör auf, alle sind käuflich, ist nur eine Frage des Preises, oder?«), der Besuch einer Tschakka-Tschakka-Vertriebstagung wird Ihnen diesen Eindruck bestärken und erklärt die Stehaufmännchen-Stärke dieser Spezies. Das Leben ist simpel: Entweder den Kunden in die Schuldenfalle treiben oder keine Superprovision. Nicht jeder Entscheid ist so einfach.

Der Lümmel

Vgl. > Der Spitzbube

Der Lumpenhund

Vgl. > Der Flegel

Der Mafioso

Kontrolle im sizilianischen Flughafen.

»Was ist das in der Tasche?«

»Eine Rechenmaschine.«

Der Sicherheitsmann öffnet das Handgepäckstück.

»Das ist ja eine Maschinenpistole!«

»Korrekt, damit rechnen wir hier ab.«

Vgl. > Der Netzwerker

Der Maniac

Der Süchtige, der nicht loslassen kann, verkrampft am Festklammern, der mit dem überprotestantischen Arbeitsethos.

Der Neureiche

Geld stinkt nicht, insbesondere, wenn man mit ausgewulfften Methoden dazu kam.

Der Nimmersatt

Vgl. > Der Gierige, Der Sozialromantiker

Der Nomade

Heimat ist da, wo meine Zahnbürste ist.

Der Pate

Vgl. > Der Netzwerker

Der Pavian

Hat einen Gang wie ein Pinguin mit offenen Hämorrhoiden und Stechwarzen in den Fußballen, hinter sich zieht er eine olfaktorische Bugwelle von zu viel Aftershave her. Sein Geschrei tönt wie Free Jazz oder das gleichzeitige Abspielen der französischen und deutschen Nationalhymne. Seine Augen versprühen den Charme von Nana Mouskouri. Die Arme breit auf dem Konferenztisch abgestützt, spricht der Pavian grundsätzlich nur mit vollem Mund. Dabei schiebt er das Essen nur ungenügend zur Seite, kauen und reden gleichzeitig, um sich danach mit mindestens zwei Fingern Essensreste aus den Zähnen zu holen. Und dabei laut zu lachen – über die eigenen Witze. Das Hemd spannt, die Arschritze hat beim Bücken Freigang, keine Peinlichkeit zu peinlich, kein Lachen zu laut. Ihm steht der erste und letzte Keks in der Schale des Konferenzzimmers zu. Kurz: ein Auftritt fast so schlecht wie Céline Dion.

Das Pokerface

Wer schlechte Karten hat und wer mit nichts ganz nach oben kommen will, muss bluffen können. Und wer bluffen will, sollte es richtig machen: mit der demonstrativen Emotionsfreiheit des Pokerface.

Der Poser

Ein aufgeblasenes Ego, das sich ungefragt in Szene setzt, sein Pimping in unpassenden Situationen und auf übertriebene Art zur Schau stellt, alles wird von ungebrochenem Imponiergehabe getragen. Es will ihm einfach nichts Bescheidenes gelingen.

Vgl. > Der Bling-Bling

Der Potenzprotz

Hat ein Konto bei der Samenbank und zahlt täglich Millionen ein.

Der Quizmaster

»Ich bin hier der, der Fragen stellt!«

Der Rambo

Sein Weg hinterlässt eine Spur der Verwüstung Wo der wortkarge Kämpfer hintritt, wächst eine Saison lang kein Gras mehr. Muskelbepackt, brutal kämpft er ums Überleben. Gewalt, Rache und Gemetzel sind seine Spielwiese, Demütigung und schnelles Geld die Spielart. Nicht nur an der Kinokasse. »Das Image als Rambo muss man sich verdienen, ein Image als Bambi bekommt man geschenkt.«[27]

Der Rüpel

Alles ist erlaubt, denn schließlich ist ein Tritt in den Arsch auch ein Schritt vorwärts.

Die korrupte Sau

In der Sonntagsschule spendete ich mein ohnehin knappes Taschengeld für die hungernden Negerchen in Afrika (die nannte man damals so, und die Sammelbüchse nannte sich Nickneger, ein schwarzer Kerl, der nach Münzeinwurf dankend mit dem Kopf wackelte). Generationen später hungern sie immer noch, die Afrikaner. Nur die Despoten und ihre Bankkonten wurden noch fetter. Sie ärgern sich, zucken mit den Schultern? Man muss gar nicht so weit suchen, um schwarze Löcher zu finden. Da der deutsche Baron mit Wohnsitz in der Schweiz, der FDP und CSU sechsstellige Wahlkampfbeiträge spendet. Diese danken umgehend durch die Mehrwertsteuerreduktion bei leeren Kassen für Hotels. Dumm nur, dass dem Baron eine Hotelkette in Deutschland gehört. Warum sollten wir, auf Effizienz und Effektivität getrimmt, nicht mit schwarzen Kassen die Landschaft pflegen? Es weiß ja niemand davon (auch kein Vorstand, der sonst konsequent dafür sorgt, dass jedes Mittagessen des Prokuristen Grantlhuber abgezeichnet wird) – vor allem, wenn es sich um Milliardenbeträge handelt. Siemens und

Konsorten lassen schmierig grüßen. Und was beim Kraftwerkverkauf an Hottentotten zum Erfolg führt, wird ja bei internen Machtkämpfen auch zu Potte führen: Kiss my ring und ich spende dir Hoffnung.
Vgl. > Der Gierige

Der Schamlose

Ein Entgrenzer, der weder Scham noch Wahrheit kennt.

Der Schaumschläger

»Es genügt nicht, keine Gedanken zu haben. Man muss auch unfähig sein, sie auszudrücken.«[28] Wir reden hier vom Worthülsenakrobaten, der politisch korrekt mit Schaumsprache sich vor klaren Aussagen drückt. Er findet etwas »spannend« (= langweilig), »interessant« (= das pure Gegenteil), »herausfordernd« (= problematisch), »ehrgeizig« (= unmöglich), »grenzwertig« (= unzumutbar), Lehrer bezeichnen Schüler als »intellektuell herausgefordert« (= strohbohnendumm), Juristen erklären Ihnen den Unterschied zwischen »Besitzer« und »Eigentümer«, Ärzte von »wir konnten die Blutungen nicht mehr stillen« (= Patient ist leider gestorben). Und dass das Leben ohnehin zu kurz ist, wird Ihnen der Statistiker mit dem »exponentiellen Zerfallsprozess hin zum sozialverträglichen Frühabsterben« erklären.

Der Schelm

Vgl. > Der Übeltäter

Das Scheusal

Ein hässliches, gefährliches, grauen- und ekelerregendes, abstoßendes Ungetüm. Kurz, ein Ungeheuer und Monstrum, das Abscheu und Entsetzen erregt. Auch genannt (wie immer schön alphabethisch): Amokläufer, Barbar, Berserker, Bestie, Biest, Bock, Bösewicht, Choleriker, Drache, Flegel, Fiesling, Gauner, Grobian, Großkotz, Halunke, Hexe, Holzkopf, Kackbratzen, Kanaille, Luder, Lümmel, Lumpenhund, Moloch, Nervensäge, Raubein, Raufbold, Rohling, Rüpel, Schelm, Schlange, Schreckensbild, Schuft, Schurke, Schweinehund, Sonderling, Spitzbube, Strolch, Sünder, Teufel, Tobsüchtiger, Tunichtgut, Übeltäter, Ungeheuer, Unmensch, Untier, Widerling, Wüstling, Wüterich. Kurz, ein Mensch mit besten Voraussetzungen zur Beförderung zum Boss.

Der Schnorrer

Vgl. > Der Schwätzer

Das Schlitzohr

Damals, als die Ehre noch was bedeutete, wurden Betrüger mit einem Schlitz im Ohr bestraft. Dieses Schandmahl half, Ehrenmänner in Zukunft davor zu warnen, dass sie es mit einem Unehrenhaften zu tun hatten. Die Aufnahme in höhere Kreise blieb ihm so verwehrt. Heute ist dies ganz anders. Schlitzohrig zu sein, ist eine Führungsqualität, das Gegenüber über den Tisch zu ziehen und die dabei entstehende Reibung als menschliche Wärme zu verkaufen, ist Voraussetzung für die Aufnahme in höhere Führungsweihen. Ein ausgekochtes Schlitzohr zu sein, ist positiv clever und bedeutet, ein guter Geschäftsmann zu sein. Ein Beispiel? Ein Europa-Zuständiger eines internationalen Konzerns musste die Mitteilung an eine Ländergesellschaft überbringen, dass die Aktivitäten im Land eingestellt werden, und sämtliche Mitarbeitenden entlassen. Nach dem ersten Schock wandte er sich an die Anwesenden und sagte, er brauche drei »Freiwillige«, die ihm bei der Abwicklung der Firma helfen würden. Das braucht Chuzpe.

Der Schneepflug

Achten Sie mal darauf: Wenn der Boss durch den Betrieb geht, schiebt er oft einen virtuellen Schneepflug vor sich her. Die Leute flüchten hinter die Gestelle und mimen die Beschäftigten, sie verstecken sich hinter Maschinen oder bücken sich über Pläne.

Das Schreckensbild

Wann macht man wirklich Karriere? Richtig, nach 19 Uhr, denn: Nur die Harten kommen in den Garten.

Der Schuft

Vgl. > Das Scheusal

Der Schurke

Vgl. > Der Schuft

Der Schweinehund

Fragt kurz vor dem Urlaub, in welcher Farbe man denn seinen Urlaub gestrichen haben möchte.

Der Seelenverkäufer

Lieblingsspruch: »Das Leben ist kein Ponyhof.«

Der Sklaventreiber

Mitarbeiter verbrauchen kostbare Luft und sind grundsätzlich Kostenstellenparasiten.

Vgl. > Der Optimierer

Der Skrupellose

Skrupellosigkeit gehört zur Basisausstattung des gemein-gewöhnlichen Arschlochs. Hier eine Auflistung seiner Eigenschaften, wie immer in diesem Buch schön alphabethisch sortiert:

aalglatt, abscheulich, achtlos, anstandslos, bedenkenlos, bestialisch, blutdürstig, brutal, deftig, eisenhart, egoistisch, egozentrisch, ekelhaft, entmenschlicht, entsetzlich, erbarmungslos, flatterhaft, furchtbar, gefühllos, gewissenlos, gnadenlos, grässlich, grausam, grob, hart, hartherzig, hemmungslos, herzlos, höllisch, impulsiv, kalt, kaltblütig, kannibalisch, leichtfertig, lieblos, narzisstisch, menschenfeindlich, mitleidlos, mörderisch, ohne Schuldgefühle, penetrant, qualvoll, rabiat, radikal, roh, rücksichtslos, schrecklich, schauderhaft, seelenlos, sträflich, tyrannisch, unachtsam, unbarmherzig, unbekümmert, undiplomatisch, ungeheuerlich, unmenschlich, unverantwortlich, verroht, verantwortungslos, widerlich, zynisch. Kurz: Bedenken, Zweifel, Hemmungen oder Gewissensbisse sind etwas für Weicheier.

Der Solist

Vgl. > Der Einzelkämpfer

Der Spitzbube

Vgl. > Der Schelm

Der Subito

Vgl. > Der Speedmanager

Der Sünder

Vgl. > Der Bock

Der Terminator

Ein verbaler Kraftmeier. Schließt seine Gedanken mit einem verbalen Ausrufezeichen ab:

- Aus die Maus.
- Ende der Kletterstange.
- So isses.

- Das ist jetzt eine klare Ansage.
- Ende der Diskussion.
- Full stop (interkulturelle Version).
- Ohne Rücksicht auf Verluste.
- Hier verlange ich Loyalität.
- Nun wird Blut fließen.
- Das wird nun so durchgezogen. Punkt.
- Jetzt oder nie.
- Noch Fragen?

Der Testosteron-Junkie

Vgl. > Der Potenzprotz

Der Titan

Stahlhart in der skrupellosen Durchsetzung seiner Ambitionen, steht zu Methoden, deren Anwendung andere in Abrede stellen (In-die-Eier-treten oder Ins-Ohr-beißen). Leistet sich jede (miese) Laune und stellt Sie Dritten gegenüber als Teil seiner Persönlichkeit und seines Erfolges dar. Oder in den Worten des Pop-Titans Dieter Bohlen gesagt: »Das ist wie 'ne Kläranlage: Außen Beton, innen Scheiße.«

Der Tobsüchtige

Vgl. > Der Aggressive

Der Tyrann

Wann ist ein konsequenter, strenger Boss einfach nur konsequent, und ab wann wird er zum Tyrann? Die Grenze ist fließend, die Folgen nicht: Die schwedische Post hat 3500 Mitarbeitende nach ihren Gründen für Krankmeldungen befragt. Als häufigste Antwort nannten dabei Männer und Frauen gleichermaßen schwere monotone Arbeit. Es zeigte sich aber auch: Bei

Frauen kann sich die Zahl der Krankmeldungen verdoppeln, wenn sie unter einem tyrannischen Vorgesetzten arbeiten.

Der Übeltäter

Vgl. > Der Bösewicht

Das Ungeheuer

Vgl. > Der Skrupellose

Der Vollidiot

Mit dem Vollidioten verhält es sich wie mit der Qualität. Schwierig zu umschreiben, aber ich merke es sofort.

Das Waisenkind

Der Erfolg hat bekanntlich viele Väter, der Misserfolg ist ein Waisenkind.

Der Weiberheld

Vgl. > Der Casanova, Der Potenzprotz

Der Wichtigtuer

Die fünf ehernen Gesetze des Wichtigtuers sind:

1. Dominant auftreten: Gib dich wie ein König, dann wirst du von anderen auch wie ein König behandelt.
2. Distanz schaffen: Mach dich rar, betone das Gefälle zu deinen Untergebenen.
3. Kontrolle erringen: Setze Termine, beherrsche die Agenda, kontrolliere Wissen.
4. Allianzen schmieden: getreu dem »Patenprinzip« – eine Hand wäscht die andere.
5. Tarnen und täuschen: Bleibe unberechenbar, lasse dich nie auf feste Positionen festnageln.[29]

Der Widerling
Vgl. > Die Hackfresse

Der Womanizer
Vgl. > Der Weiberheld

Der Wüstling
Vgl. > Der Ausschnittausspäher

Der Zocker
Bescheidenheit ist eine Zier, doch weiter kommt man ohne ihr: Casino hat was Anrüchiges, Casino-Kapitalismus nicht. Anders kann man den Selbstbedienungsladen nicht erklären: Ein Konzernleitungsmitglied der Großbank UBS (quasi der »Chief Zocking Officer«) hat 2009 durchschnittlich 227-mal so viel verdient wie ein UBS-Mitarbeiter mit Tiefstlohn.[30] Dies bei einem Jahresverlust im selben Jahr von 2,7 Mrd. CHF.

C

Wie erkenne ich ein Arschloch?
Der große Arschloch-Bestimmungsteil:

Die Gattung C: Die Eierköpfe und Klugscheißer

Diese dritte Gattung im Nordwesten lässt sich auf einzelne Berufsgattungen – und deren Denkmuster – reduzieren. Das heißt, sie kommen besonders oft vor in den Naturwissenschaften, in der Ingenieurskunst, im IT-Bereich, in den zahlenbezogenen Berufen und all den Bereichen, in denen Input gleich Output ist, oder noch schlimmer: geplanter Input gleich geplanter Output. Trotz hoher Intelligenz wurde dem Eierkopf unerkannt ein Magenband ins Hirn implantiert, das ihn permanent ignorieren lässt, dass der Mensch nicht binär und mechanistisch funktioniert. Das muss auch im rationalen, der Veränderung gegenüber offenen Nordwesten erkannt werden. Hier mehr:

Der Abstimmer

»Wir besprechen das im kleinen Kreis vorab, kann mir nicht vorstellen, dass dies an die große Glocke gehängt werden muss. Ja? O.K.? Dann sind wir uns einig, das machen wir so. Bitte ruf mich noch an für die Vorabstimmung der nächsten Sitzung, die Sache sollte nämlich Hand und Fuß haben.«
Vgl. > Der Cover-your-ass

Der Altachtundsechziger

Hat sich seinerzeit entschieden, den »Marsch durch die Institutionen« anzutreten. Und hat beinahe geschafft, woran der olle

Marx und Stalin scheiterten, nämlich die Enteignung der Bonzen. Als Banker getarnt, plünderten sie ihre Arbeitgeber wie die Weihnachtsgans, bedienten sich mit Superboni und trieben die Finanzinstitute in die Arme des Staates.

Der Analyst

Sieht die Zukunft durchaus langfristig, sofern sie in Quartalen stattfindet. Selten hat eine Zunft den Arschlochfaktor sogar in ihrem Namen explizit drin. In den ersten vier Buchstaben.

Der Asket

Steht in der Nahrungskette ganz am Schluss, deshalb wenig Überlebenschancen.

The asshole

Mobiles Feindbild der Globalisierung und US-amerikanischer Kulturimperialist mit dem Ziel, altehrwürdiges, germanisches Kulturerbe zu infiltrieren und abzuschaffen (z. B. Betriebsräte, Weihnachtsgeld, 37-Stunden-Woche oder über drei Generationen vererbbare Arbeitsplatzsicherheit in der Autoindustrie).

Der Augur

Er lächelt in die Runde, das wissende Lächeln eines Eingeweihten, der vorgibt, um die Zukunft zu wissen.

Der Botox-Manager

Wie die aufgespritzten Lippen gibt der Botox-Manger vor, etwas zu sein, das er nicht ist. Betreibt erfolgsfreies Changemanagement, das nur an der Oberfläche wirkt, das Widerstände, Emotionen und Befindlichkeiten der Basis oberflächlich ausglättet. Typische Merkmale von Botox-Changemanagern sind: Excel-Sheet, Quick-Wins und Placebo-Kommunikation.

Der Chaosmanager

Vgl. > Der Allroundlaie

Der Compliancebeauftragte

Die Finanzkrise und die Ölkatastrophe im Golf von Mexiko sind Folgen einer groben Verletzung staatlicher Aufsichtspflichten, einer Verletzung allerdings, die mit Vorsatz geschah und einem ideologischen Kalkül entsprang.[31] Die Verwahrlosung der amerikanischen Staatsdiener[32], die im Grunde ihrer Aufgabe die Bürger schützen sollten, vor betrügerischen Kaskadengeschäften eines Herrn Madoff genauso wie vor ökologischen Risiken in der Ölförderung. Blindes Vertrauen in die Selbstregulierungskraft der Märkte, kombiniert mit dem neoliberalen Schleifen aller bürokratischen Hürden, führten zu immer komplexeren Finanzkonstrukten und immer tieferen Bohrungen nach Öl mit nicht mehr abschätzbaren Risiken. Wer angesichts dieser Risiken fragte: »Was wäre, wenn …«, spuckte auf die Hand, die ihn fütterte. Und das erklärt die Erfolgsfreiheit von Compliance.

Der Controller

Beim Fliegen braucht der Pilot den Lotsen, der nach objektiven Kriterien überprüft, ob er auf Kurs ist. Das ist die gute Seite an Controllern. Schlechter wird's, wenn diese Spezies mental mit Hosenträger und Gurt unterwegs sind.

Die Deutungselite

Das tumbe Volk braucht Meinungsoligarchen, die ihm vorgeben, was es zu denken, zu lassen und zu wählen hat. Dieser selbst ernannte und selbstbezügliche Haufen sagt, was Mainstream ist und was nicht. Die Politikerin an der Spitze tut eine längst fällige Diskussion als »nicht hilfreich« ab und zieht so das Netz der »kulturellen Immunabwehr«[33] zu. Talkmaster,

Kommentatoren der Niveaupresse formieren sich zum Schulterschluss und deuten ein Thema zum Hype. Eine moderne Form von populistischer Zensur in medialisierter Zeit. In einem berühmten Experiment ließ der Pionier der Sozialpsychologie Salomon Asch eine Reihe von Personen drei Striche auf einer Tafel beurteilen: Welcher Strich ist der längste? Jeder musste sein Urteil abgeben. Mit einer Ausnahme waren alle Teilnehmer heimliche Mitarbeitende des Versuchsleiters, der sie angewiesen hatte, konsistent falsch zu urteilen. Die eigentliche Versuchsperson kam zuletzt an die Reihe. Asch registrierte eine erschreckend starke Tendenz, unter solchen Umständen gegen die eigene Überzeugung zu urteilen: Der Eigensinn kapituliert vor dem Konsens der anderen.[34]

Der Disclaimer

Stellen Sie sich vor, Sie schreiben einen Liebesbrief. Und unten am Liebesbrief schreiben Sie sinngemäß: »Dieses Schreiben ist rechtlich nicht bindend. Falls dieser Brief nicht für Sie bestimmt ist, dann vernichten Sie diesen ungelesen oder retournieren ihn an den Absender.« Solche Botschaften können nur den Hirnwindungen von Konzernjuristen entstammen, in der Praxis sind sie nutzlos und zeigen das mangelnde Vertrauen in das Medium. Warum versende ich kritische Inhalte, wenn ich dem Medium nicht traue? Oder: Ist die Welt schlecht, und traue ich der ganzen Welt nicht?

Die Diversity-Beauftragte

In der Regel eine Frau mit Doppelnamen, zuvor amtliche Frauenbeauftragte, nun damit beschäftigt, zu erklären, warum Frauen und Männer für die gleiche Arbeit statistisch erwiesen nicht gleich viel verdienen. In international aufgestellten Unternehmen kommt noch die Aufgabe dazu, Verhandlungsseminare anzubieten, wie die Europäer besser die Afrikaner, Araber, Chinesen, Japaner oder Inder bei den Verhandlungen über den Tisch ziehen können. In US-amerikanischen Unternehmen kommt dazu noch die Thematik, wie die Schwarzen mit den Weißen oder die Weißen mit den Hispanics umzugehen hätten. In der Regel in der Personalabteilung angesiedelt und deshalb per se beschränkt in ihrer Wirkung. Dabei wären die *wirklichen* Aufgaben einer Diversity-Beauftragten groß: Wie versöhnen wir die Jungen mit den Alten (Stichwort Rentensicherung), wie vertragen sich Ossis mit den Wessis, wie bringen wir virtuelle oder dezentrale Teams auf denselben Performance-Standard wie physische Teams (oder umgekehrt), wie gehen wir mit dem Graben zwischen Zentrale und den Dezentralen um, wie synchronisieren wir Betriebsräte mit den Vorständen, wie sorgen wir dafür, dass Onliner und Offliner gleiche Informationen haben, wie die Verängstigten mit den Frustrierten, wie die Identifizierten mit den Entfremdeten, wie die Reformfreudigen mit den Überlebenden des 17. Kick-off, wie die Christen mit den Muslimen? Und so weiter. So gesehen, wird Diversity zur Kernkompetenz der Zukunft in einer globalen und deshalb unübersichtlichen Welt. Kaum anzunehmen, dass dies eine mutierte Gleichstellungsbeauftragte stemmen wird.

Der Dünkel

Eitle Selbstüberschätzung führt zu herablassender Überheblichkeit, selbstgefälliger Anmaßung und aufgeblasener Arroganz. Macht- und Standesdünkel gehen davon aus, qua Amt oder Position geistig und gesellschaftlich überlegen zu sein. Oft Akademiker und andere blasierte Wichtigtuer die mit ihrem kalten Charme und der hohen Hierarchie- und Autoritätsgläubigkeit Positionen zu zementieren versuchen, die sie über Leistung nicht schaffen.

Der Eierkopf

Ursache und Wirkung haben einen klaren, naturwissenschaftlich beweisbaren Zusammenhang. Der IQ 300 stand ihm schon in der Schule im Wege. Die randlose Brille kaschiert nur halbwegs den stechenden Blick. Die rasierte Glatze thront auf einem Körper, dessen Kopf meist schon ohne Mund auf die Welt kam. Diese ironiebefreite Spezies arbeitet mit dem Auftrag: »Forscht, aber findet nix Neues.«

Der Empirist

Wissen ist Macht, Verstand ist alles, und alles lässt sich statistisch untermauern, man muss nur den richtigen Benchmark finden. Apropos Benchmark: Nicht alles, was hinkt, ist ein Vergleich.

Der Erbsenzähler

Korrektheit und Pedantismus wurden vor nicht allzu langer Zeit als Tugenden angesehen, also gemeinhin als positive Eigenschaft, Dinge mit innerer Neigung und Freude zu tun. Und genau das ist das Problem des Erbsenzählers. Er kann Ihnen die exakte Anzahl der Stufen des Mailänder Doms benennen, aber kaum die besten Ristoranti im Umkreis. Brennt sich Ende des Jahres sämtliche E-Mails auf eine CD (man kann ja nie wissen).
Vgl. > Der Besserwisser

Das Ethik-Feigenblatt

Medien und Management habe die Ethik entdeckt. Und es wird übertrieben, wie bei allen Trends. Es entstehen Ethiklehrstühle mit Ethikprofessoren, Ethikforen, Ethikinstitute, Ethikkommissionen, Ethikzentren, Ethikbanken, Ethikbeiräte, Ethikkodizes, Ethikfonds, Ethikvereine, Ethikschulen und Ethiktrainings.[35] Da wird publiziert, doziert, studiert und geirrt. Als Spezialist für Arbeitsethik, Sportethik, Pflegeethik, Betriebsethik, Ernährungsethik, Tierethik, Polizeiethik, Tötungsethik, Sexualethik, Konsumethik, Reproduktionsethik, Mobilitätsethik, Gewinnethik, Landwirtschaftsethik, Kriegsethik, Pflanzenethik, Tourismusethik, Handelsethik, Kommunikationsethik, Militärethik, Wanderethik, Computerethik, Armutsethik, Bioethik.[36] Eine ganz und gar »mentale Pandemie«,[37] die sich nicht an Realitäten orientieren muss, sondern allein die persönliche Vorstellung vom Guten, Gerechten, Erlaubten und Verbotenen.[38] Dass Ethik so verschieden sein kann wie die Werte, die ihr zugrunde liegen, wird geflissentlich ausgeblendet. Dass die Scharia im islamischen Teil der Welt besser ankommt, als in der westlichen, ist nachvollziehbar. Dass die mitteleuropäische Verbissenheit zu anderen Antworten kommt als das mediterrane Laisserfaire auch. Die Exponenten der Ethikindustrie arbeiten an den »endgültigen Antworten« allerdings ohne große Anforderungen, »die an eine Wissenschaft gestellt werden müsste. Es gibt keine universalen, allgemein akzeptierten Axiome, aus denen nachvollziehbar verbindliche Folgerungen abgeleitet werden könnten. Es gibt keine Wertneutralität, die ethischen Aussagen Objektivität verleihen könnte. Es gibt keine Empirie, die ethische Aussagen einsichtig macht. Es gibt keine Nachprüfbarkeit der Thesen. Keine ethische Formel kann verifiziert oder falsifiziert werden. Jede ethische Verlautbarung bleibt darum bloße Behauptung. So hat der listige Ethiker auf alles die endgültige Antwort: seine eigene, pseudowissenschaftlich begründet, feierlich vorgetragen, unangreifbar gutmenschlich, applaudiert, in aller Regel (direkt oder indirekt) steuerfinanziert.«[39]

Die Ethikmaske

Es hat sich herumgesprochen: Man kann nicht mehr unbemerkt im Dunkeln mauscheln, schwarzafrikanische Politiker zwecks Verkaufs von Atomkraftwerken schmieren oder an der Börse

Insidergeschäfte abwickeln. Deshalb müssen Core-Values, ethische Leitsätze und Beschreibungen von »Corporate Behaviour« her. Und da Werte immer im Spannungsfeld anderer Werte stehen, werden sie situativ außer Kraft gesetzt oder dem Tagesgeschäft untergeordnet. Werteorientiertes Handeln wird zur Ethikmaske, im schlechtesten Falle outgesourct an einen Ethikbeauftragten oder Ethikbeirat. »Verlässlichkeit kann man nicht kaufen, nicht mal stehlen kann man sie.«[40] Oder anders gesagt: Für verlorenes Vertrauen gibt's kein Fundbüro.

Der Eunuch

Die Verbalerotiker: Sie wissen alles, sie können drüber sprechen, aber es mangelt am Vollzug, sie leiden am Eunuchensyndrom: Man weiß alles (besser), aber man tut es nicht – overconsulted and underexecuted.

Der Euphemist

Beschreiben Sie Vorgänge beschönigend, mildernd oder in verschleiernder Absicht? Dann sind Sie entweder Kommunikationsbeauftragter oder ein Euphemist. Täuschen und Tarnen sind ihr Business. In Todesanzeigen wird nicht gestorben, sondern »sanft entschlafen« oder »heimgerufen«. Es wird nicht mehr Krieg geführt, sondern es werden Friedensoffensiven gefahren. Abbaumaßnahmen werden zu Effizienzsteigerungsprogrammen umgeschnürt. Der Völkermord zur ethnischen Säuberung, die Zwangsvergasung zur Umsiedlungsmaßnahme. Die Mülldeponie zum Entsorgungspark, Giftmüll zu Sondermüll. Entlassene werden nicht mehr entlassen, sondern freigestellt, der Putztrampel mutiert zum Raumpfleger. Die Rezession wird zum negativen Wirtschaftswachstum. Man lügt nicht mehr, sondern vermittelt asymmetrische Information. Diese verniedlichenden Leerformeln und Hüllwörter werden zu zynischer Desinforma-

tion. Mehr als verständlich, rangieren Manager am untersten Ende der Glaubwürdigkeitsskala. Laut einer Forsa-Befragung von 2000 Deutschen »Zu welchen Institutionen haben Sie großes Vertrauen?« rangieren an 17. Stelle (dies ist gleichbedeutend mit dem viertletzten Platz) die politischen Parteien (18 %), an drittletzter Stelle der Zentralrat der Muslime (14 %), an zweitletzter Stelle die Werbeagenturen (13 %) und an letzter Stelle die Manager von Großkonzernen (8 %).
Kennen Sie die ultimative Euphemistenstory? Die Geschichte der Titanic geht so: 1. Das schnellste, modernste Schiff. 2. Unsinkbar. 3. Eisberg. 4. 1500 Tote.
Dieselbe Geschichte, von einem Top-Manager eines Großkonzerns (oder seines beauftragten PR-Managers) erzählt, klingt wie folgt: 1. Das schnellste, modernste Schiff. 2. Unsinkbar. 3. Eisberg. 4. 800 Leute in New York angekommen. Beide Geschichten sind wahr, die Frage nur, für welche Realität entscheide ich mich.
Vgl. > Der Beschöniger, Der Rosstäuscher

Der Experte
Gibt medialer Ratlosigkeit ein Gesicht, ist quasi Ersatzhandlung: Nicht der Gewählte oder der dafür Bezahlte entscheidet, sondern der Experte. Kein Thema, zu dem es nicht einen Experten gäbe. Professoren werden von Generalen befragt, ob es sich strategisch lohnt, neue Waffensysteme zu entwickeln. Naturwissenschaftler spalten sich in Fraktionen von Experten, die einen sagen, die Gletscherschmelze sei der Anfang vom Ende, die anderen sehen darin das statistische Flimmern in der Langzeitbeobachtung. Dieser Expertenstreit lässt sich reduzieren auf den Witz: Treffen sich zwei Männer, fragt der eine »Ist es wahr, deine Frau sei eine echte Bombe im Bett?« Antwortet der andere: »Die einen sagen dies, die anderen das.«
Vgl. > Der Zauberlehrling

Der Fachmann
Einfache Leute haben die Arche gebaut – Fachmänner die Titanic.

Der Feinsinnige
Der Normalo arbeitet wegen dem Geld, der Feinsinnige wegen des Geldes.

Der Feuerwehrmann
Ich hatte mal einen Boss, der sagte, bevor er in den Urlaub verreiste: »Wenn es brennt, ruft nicht mich, sondern die Feuerwehr.«

Der Flipchart-Hechter
Es vergehen keine drei Minuten nach Sitzungsbeginn, grätscht diese Spezies mit einer Hechtrolle vorwärts zum Flipchart. Und ist da nicht mehr wegzubringen. Schließlich ist der Flipchart-Besetzer so was wie der informelle Regisseur des Ganzen.

Der Fremdgänger
Ein gerade 60 Jahre alt gewordener Mathematiklehrer erfährt, dass seine gleichaltrige Frau mit einem 20-jährigen Schönling fremdgeht. Darauf beschließt er, es ebenfalls zu tun, und bezirzt eine 20-jährige Studentin. Noch bevor es zum Äußersten kommt, erfährt seine Frau davon. Die – auch nicht schlecht im Rechnen – kommentiert ganz trocken: »20 geht öfters in 60 als umgekehrt.«

Der Googler
Vgl. > Der Besserwisser

Der Hinter-dem-Komma-fängt-der-Spaß-erst-recht-an
Lebt nach dem Motto »Gute Kontrolle braucht kein Vertrauen«.

Der Holzkopf
Vgl. > Die Hackfresse

Der Hypochonder
Ach, wie unerträglich, ich weiß noch nicht, woran ich sterben werde. Und warum.

Der Ideologe
Vgl. > Der Dogmatiker

Der Jost
Das Arschloch aller Arschlöcher muss ja wohl derjenige sein, der ein Lexikon über Arschlöcher schreibt. Ist der so arrogant, oder tut er nur so? Muss man ein Arschloch sein, um ein Buch über Arschlöcher zu schreiben? Die Antwort ist: Ja und nein. Ja, denn einerseits hilft es, wenn man Karriere als gelierter Macho gemacht hat, und nein, anderseits ist sooo viel Identifikation mit dem Thema schon etwas viel verlangt. Betrachten Sie es als ethnologische Neugier, ergänzt durch die Beraterrealität von über drei Jahrzehnten. Da begegnet man schon ab und zu dem einen oder anderen Arsch. Nicht nur beim Rasieren im Spiegel.

Der Journalist
Laut Willi Brandt eine Randfigur der holzverarbeitenden Industrie.

Der Klugscheißer

Hochtrabendes, besserwisserisches Geschwafel verbreitend, will den Anschein erwecken, besonders informiert, besonders gewieft oder intelligent zu sein. Gibt ungefragt Kommentare zu allen Themen ab, korrigiert Sie mitten im Satz: »Ballone fliegen nicht, sie fahren.« Allerdings braucht der Klugscheißer ein Umfeld, das durch Ignoranz und Desinteresse die hirnrissige Klugscheißerei erst ermöglicht.

Vgl. > Der Besserwisser

Der König des Halbwissens

Für den König des Halbwissens sind es im Total Roundabout sieben oder neun oder elf – jedenfalls eine gerade Zahl.

Der Konsonantenspucker

Der Mann will verstanden werden, ein Sprachästhet der überartikuliert und inbrünstig jeden Buchstaben betont – bis ihm vor lauter Sprechstil der Inhalt abhanden kommt.

Der Kontrollfreak

Knüpft nach dem Geschlechtsverkehr das Kondom zu, um Samenraub zu verhindern.

Der Kühlschrank

Zeichnet sich durch das Unvermögen aus, normale, menschliche Gefühle zu empfinden (bzw. zu zeigen), ist deshalb qualifiziert für harte Entscheidungen, dabei kühlen Kopf zu bewahren und das emotionale Gewitter auszusitzen.

Der Lackaffe

Ein Angeber. Ein arroganter Mensch. Ein feiner Pinkel. Beste Soft-Skill-Voraussetzung für eine Beraterkarriere.

Die Mackies

So nennen sich die dunkel gewandeten Berater von McKinsey, allesamt akademische Überflieger, bereit mindestens 15-Stunden-Tage hinzulegen. Sie durchforsten Unternehmen nach nicht gehobenen Potenzialen, sie werden als »geldgierige Wichtigtuer, die sich millionenteure Verträge erschleichen und ihr Geld nicht wert sind«[41] wahrgenommen. Ihr oft stereotypes Analysemuster »Preise runter. Kosten runter. Rollladen runter« trägt zu diesem Ruf bei und festigt fast etwas zynisch die Volksweisheit, dass guter Rat eben teuer sei. Immerhin gelingt es ihnen, graue Akten in bunte Folien umzuarbeiten. Mein Geschäftsmodell ist post-McKinsey. Irgendwann muss ich mich wohl bei den Mackies bedanken für die hervorragende Akquisitionsarbeit, die sie mir abnehmen.

Der Mentaltrainer

Im Sport ist es Teil des Erfolges, im Business gibt es genügend Gurus, die die Botschaft verbreiten, »Du-musst-es-einfach-wollen-dann-kommt-es«. Wir hirnlos und fatal dies sein kann, zeigt die Fabel der drei Frösche[42]: Es waren einmal drei Frösche, die fielen in ein Fässlein Sahne. Als sie nicht wieder herauskonnten, sagte der erste: »Die Hoffnung stirbt zuletzt, wir warten am besten, bis jemand kommt.« Er schwamm so lange im Kreis, bis seine Nasenlöcher von der Sahne verklebt waren, und ging unter. Der zweite sagte: »Tja, da kann man wohl nichts machen. Ich gebe mich Gott und seinem unerforschlichen Ratschluss hin!«, und ging ebenfalls unter. Der dritte aber sagte: »Ich werde strampeln, man kann nie wissen!« Und so strampelte er stundenlang. Plötzlich spürte er etwas Festes unter seinen Füßen. Er hatte Butter aus der Sahne gestrampelt! Nun kletterte er auf den Butterkloß und sprang hinaus. »Na prima«, sagte der Koch, der ihn auffing. »Solche sind die Besten. Achte stets darauf«, wandte er sich zu seinem Lehrling. »Nur die Frösche, die Sahne zu Butter treten, sind zum Verzehr geeignet. Weil sie die stärksten Schenkel haben. Schenkel, die wir knusprig servieren. Reiß sie ihm aus.« Und die Schenkel des Frosches wurden in der Butter gebraten, die er selbst gestampft hatte. Gib niemals auf!

Der Multitasker

Der Mann ist ein verkanntes Genie: Er kann Zeitung lesen, gleichzeitig telefonieren, kratzt sich die Achselhaare und popelt in Nase oder Mund, schiebt sich während des Handygesprächs Essen rein, schlürft den Tee, spricht mit vollem Mund und atmet tief aus, während er kritisch seine Fingernägel beäugt und die 90-60-90-Kadenz, die gerade vorbeischwebt, inspiziert.

Die Nervensäge

Vgl. > Der Klugscheißer

Der Neunmalklug

Vgl. > Der Besserwisser

Der Nichtsnutz

Vgl. > Der Allroundlaie

Der Optimierer

Einer, der aus einer ausgepressten Zitrone noch eine ganze Plantage rausholt.

Der Paragrafenreiter

Vgl. > Der Klugscheißer

Die Perfektionistin

Die ist einfach gut. Sie rackert täglich zehn Stunden. Mindestens. Alle Jobs werden übererledigt, 120 Prozent ist Normalität. Sie ist krankhaft ehrgeizig. Wenn Golf spielen, dann richtig. Und Beziehungsarbeit macht keinen Spaß, sondern ist – jawoll – Arbeit. Und darum muss das durchgeplant und strukturiert sein. 50 Freunde sind im Blackberry-File, das Jahr hat 50 Wochen, also eine Einladung pro Woche. Selbstredend, dass sie gute Köchin ist und gerne Gäste und LAP (Lebensabschnittspartner) verwöhnt. Dumm nur, haben die Delikatessgeschäfte, wo es den besten Fisch und das frischeste Gemüse gibt, nach acht Uhr abends geschlossen, also bevor die Dame nach Hause kommt. Dumm nur, möchte der Lover ab und an auch etwas mehr als nur Heißes auf dem Teller. Dumm nur, dass wegen Karriere der Kinderwunsch unerfüllt bleibt. Und dumm, dass sie permanent am Burn-out vorbeischrammt und allen immer wieder erzählt, wie wichtig die Arbeit sei, wie viel sie doch leisten müsse, und welchen Stress sie habe. Dumm nur, dass sie nicht merkt, dass sie Opfer ist. Und nicht Täter. Opfer ihres eigenen Ehrgeizes. Opfer ihrer eigenen Ansprüche. Opfer ihrer Schuldgefühle. Und Opfer ihrer eigenen Ignoranz, sich nicht helfen zu lassen. Dumm nur, dass es jetzt die zwölfte Beziehung war, die in Brüche geht. Weil sich der LAP halt nicht all zu lange mit Blackberry managen lässt.

Der Preisdrücker

Ein Einkäufer mit Familie kauft beim Züchter einen Rassehund. Erklärt der Züchter voller Stolz: »Dieser Hund hat schon drei Preise.« »Das ist ja toll«, meint der Einkäufer. »Ich bezahle den niedrigsten.«

Der Prozessdesigner

Viele Changeprojekte zeichnen sich dadurch aus, dass sie mehr Meilensteine haben als Meilen.

Der Prozessmanager

Das Mantra des Prozessmanagers ist eine Endlosschleife. Wichtig: Ein Prozess muss hinterlegt sein. Noch wichtiger: Der Prozess muss eingehalten werden. Am wichtigsten: die Grenzen der definierten Prozesse. Das tägliche Doing: Ausnahmen und Sonderfälle definieren und mit einem Prozess hinterlegen. Dumm nur, dass in diesem mechanistischen Weltbild das Irrationale des Menschen keinen Platz hat. Wie auch? Da lässt sich ja kein Prozess hinterlegen.

Der Psychoanalytiker

Wer eine Schraube locker hat, der hat eine Mutter.

Der Qualitätsmanager

Ist vor allem mit sich selber beschäftigt: Zuerst die ganzen Zertifizierungen. Dann darüber wachen, dass die zertifizierten Prozesse eingehalten werden. Bis zur nächsten Zertifizierung.

Der Quartalsirre

Alle drei Monate wird's hektisch, gute Zahlen müssen her. Analysten müssen gefüttert werden, der bonusgetriebene Zahlenakrobat biegt's gerade.

Der Rechthaber

Steigen Sie gar nicht auf die Diskussion ein. Und wenn, verschieben Sie die Diskussion auf das Feierabendbier. Nach der fünften Runde wird auch der sturste Rechthaber handzahm, frei nach dem Motto: »Der Klügere kippt nach.«

Der Risikomanager

Spricht gerne im Konjunktiv und würde grundsätzlich mehr Risiken eingehen, wenn er im Voraus wüsste, wie es ausgeht.

Der Schlauberger

Vgl. > Der Besserwisser

Der Schlinger

Ein Magen- und Darmfortsatz, der alles schlucken kann. Räumt in drei Minuten einen Teller leer, für den andere 15 Minuten bräuchten, frisst sich mit Leichtigkeit durch Aktenberge.

Der große Schweiger

Ohne Ausnahme ein Mann. Nur ein Mann kann wortreich nichts sagen. Sollte Ihnen als Lebenspartnerin das beim Essen in einem Restaurant wieder mal auf den Keks gehen, greifen Sie zu einem simplen Trick: Vertiefen Sie sich in ein Buch. Er wird die eingeschlafene Konversation wiederbeleben. Aber nicht, um zu reden. Sondern weil er sich um seine Reputation am Nebentisch sorgt.

Der Speedmanager

Egal, in welche Richtung, Hauptsache schnell: Die Diktatur der kurzen Frist ist Motor der Speedökonomie, immer unter Strom, immer online, rasender Stillstand das Resultat, frei nach dem Motto: Was nützt die ganze Geschwindigkeit, wenn sich wöchentlich die Ziele ändern?

Der Spiegelfechter

Beredt nichts sagen und gepflegt aneinander vorbei reden.

Der Statistiker

Vgl. > Der Empirist

Der Steueroptimierer

Wissen Sie, was eine steueroptimierende Substratvernichtung ist? Ein Sommerfest im Garten der Villa eines Zahnarztes.

Der Teppichhändler

Ist Ihnen schon aufgefallen, wie ausnehmend viele Gattinnen von Rechtsanwälten oder Chirurgen eine Kunstgalerie betreiben – ein Steuerabschreibemodell in Arbeitsteilung. Ähnlich ist das Geschäft der Teppichhändler: Es geht um Abschreibung. Die Mondpreise sind die Eingangsposten in der Bilanz, dann kommen die ruinösen Rabatte von 70 bis 80 Prozent. Und der Abschreiber kann dann für Geldwäsche oder so verwendet werden.

Die Teppichhändler der Teppichetage ticken leicht anders: Als Anbieter beginnen sie mit den Mondpreisen und erzielen im besten Falle einen Abschluss, der immer noch 30 Prozent über dem intendierten Preis liegt. Als Nachfrager liegen generell immer noch zehn Prozent drin, auch wenn schon das Zahnfleisch blutet. Es ist ja für die gute Sache. Hand aufs Herz, sind wir nicht alle etwas Teppichhändler? Oder haben Sie schon mal ein Auto gekauft ohne flotte Rabatte?

Vgl. > Der Schnorrer

Der Unverbesserliche

Vgl. > Der Besserwisser

Der Verbissene

Vgl. > Der Besessene

Der Vernünftige

Erst gefährlich wenn er sich nach vorne lehnt und versöhnlich meint: »Lass uns das mal ganz vernünftig bereden.« Jetzt ist Schluss mit lustig, denn das bedeutet nichts anders, als auf seine Linie einzuschwenken. Ein weiteres Merkmal: Er telefoniert nicht mit dem Handy am Ohr, wegen der Strahlung. Dafür hält er das Knopfmikrofon vor den Mund und schaut dabei aus wie ein Zahnarzt, der sich selber behandelt.

Der Wegelagerer

Der moderne Wegelagerer steht nicht im dunklen Walde und überfällt Kutschen, schreibt nicht in Amtsstuben Steuerbescheide, die modernen Wegelagerer sitzen bei Apple oder Microsoft. Ihre Waffen sind kostenpflichtige Software-Updates.

Der Weise

Einst, als der weise Sokrates am Fluss spazieren ging, kam ein Schüler zu ihm gelaufen und rief: »Höre, Sokrates, das muss ich dir erzählen!«

»Halte ein!«, unterbrach ihn der Weise. »Hast du das, was du mir sagen willst, durch die drei Siebe gesiebt?«

»Drei Siebe?« fragte der andere ungeduldig. »Was soll das denn sein?«

»Ja, guter Freund! Lass sehen, ob das, was du mir sagen willst, durch die drei Siebe hindurchgeht: Das erste ist das Sieb der Wahrheit. Hast du alles, was du mir erzählen willst, geprüft, ob es wahr ist?«

»Da muss ich nicht lange prüfen«, sprach der Schüler ungeduldig »Ich will dir ja sagen, dass …«

»Halt!«, gebot der Weise. »Und hast du es auch im zweiten Sieb geprüft? Das ist das Sieb der Güte. Ist das, was du mir erzählen willst, gut?«

»Nein, es ist schlecht! Aber Hauptsache, du hörst es dir mal an!«

»Gemach«, lächelte der Weise, »Lass uns noch das dritte Sieb anwenden. Das Sieb der Notwendigkeit. Ist es notwendig, dass du mir davon erzählst?

»Für mich nicht«, erklärte der Schüler.

»Nun«, sprach der Weise gütig, »dann lass ab von der Geschichte, und belaste weder dich noch mich damit.«

»Mich belastet die Sache sowieso nicht. Es geht nur darum, dass dein Haus in Flammen steht. Aber mittlerweile kannst du die Asche vermutlich durch drei Siebe sieben.«[43]

Der Wokämenwirdennhinwenndasjedermachenwürde

Die Frage ist berechtigt.

Wokämenwirdennhinwenn jeder falsch parken würde? Es gäbe endlich Platz auf der Straße. Wokämenwirdennhinwenn jeder Steuern hinterzieht? Wir würden uns Gedanken machen, wie viel Politik wir bräuchten.

Wokämenwirdennhinwenn jeder an einem Sommerabend Party und Lärm machen würde? Das Ordnungsamt würde wegen Überforderung geschlossen.

Wokämenwirdennhin wenn der Wokämenwirdennhinwenndasjedermachenwürde plötzlich diese Frage nicht mehr stellen würde? Ganz einfach: Es gäbe von jetzt auf sofort keine Wokämenwirdennhinwenndasjedermachenwürdes mehr. Die Welt würde zur etwas arschlochfreieren Zone, und niemand würde uns mehr mit langweiligen, gedankenlosen Killerfragen traktieren.

Die eierlegende Wollmilchsau

Eierlegende Wollmilchsau ist der perfekte Nutzesel: Nebst Spiegeleiern, Milch, Butter und Schlagrahm gibt's gestrickte Wollpullover und saftige Kottelets. Schade, dass es diese Spezies nicht gibt. Wäre in zwangsfokussierten Organisationen wohl auch zum Überleben ungeeignet, wird doch dem Allrounder der Fachidiot vorgezogen.

Der Zauberlehrling

Ein Experte, der sein Tun nur bedingt abschätzen kann. Spielt gerne Schicksal und macht Dinge, von denen er die Konsequenzen nicht abschätzen kann, glaubt an die Beherrschbarkeit der Natur: Baut Atomkraftwerke, obwohl Endlagerung nicht gelöst ist, konstruiert Autos mit Antriebstechnologien, die in ein paar Jahrzehnten obsolet sind, plant Ferienhaussiedlungen an Lawinenhängen und spekuliert gegen Währungen, die ganze Länder in Geiselhaft nehmen. Schließlich ist es ihm egal, wenn er mit untergeht.

Der Zwischenzeilen-Legastheniker

Einer, der nicht zwischen den Zeilen lesen kann. Zu erkennen an der Aussage: »Das ist aber nirgends schriftlich festgehalten.«

D

Wie erkenne ich ein Arschloch?
Der große Arschloch-Bestimmungsteil:

Die D-Gattung: Die Diven und Heißsporne

In dieser Arschlochgattung geht es heiß zu und her, die Emotionen und Eitelkeiten kochen hoch, man ist sich für nichts zu schade, wenn es um einen selber geht. Mehr aus der Welt der Diven und Heißporne im emotionalen, der Veränderung gegenüber immer noch geöffneten Nordosten hier:

Der Achtsame

Pip-pip-pip. Wir haben uns alle lieb.

Der Amokläufer

Peng-peng-peng. One for you and one for me.

Die Arschgeige

»Hallo, Boss, wissen Sie, wie man eine Arschgeige neugierig macht?«
»Nein, wie denn?«
»Ich erzähl's Ihnen morgen.«

Der Arschkneifer

Vgl. > Der Libidinöse

Der Betroffene

In sanft gespülter Schwatzhaftigkeit verbreitet dieser Zeitgenosse sein Betroffenheitsgesäusel: Er ist immer betroffen, ob Verletzung der politischen Korrektheit oder ausgelebte Triebe lüsterner Kirchenmänner, ob Ankündigung eines Managementwechsels oder die Rodung der Urwälder – das schmelzendschmalzige Bekenntnis der Betroffenheit geht auf den Sack.

Das Biest

Vgl. > Das Scheusal

Der Borderliner

Leidet unter einer emotional instabilen Persönlichkeitsstörung, die sich unter anderem in Impulsivität, Instabilität und narzisstischem Selbstbild manifestiert. Keine Angst, wenn das Borderline-Syndrom bei Ihrem Kind diagnostiziert wird, alles durchaus wichtige »Soft Factors« für den Fahrstuhl in die Teppichetage.

Der Bunga-Bunga

Die besten Kundenbindungs- und Bonusprogramme sind die mit den Prämien, die man nicht für Geld kaufen kann. Zum Beispiel ein Frühstück mit den Rolling Stones. Wussten Sie, dass der Pillendreher Viagra ein solches Bonusprogramm hat? Der beste Kunde wird mit dem Amt eines Ministerpräsidenten belohnt. Zwar kann man politische Ämter durchaus kaufen. Aber so geht es um einiges einfacher. Der schwanzgesteuerte Potenzprotz darf so lange El Presidento spielen, wie er ihn hochkriegt. Na ja, Politiker haben öfters Probleme mit dem Rückgrat. Ob da jedoch Viagra was bringt?

La Bunga-Bunga

Sie ist die »Überlistung des Leistungsprinzips im knappen Rock«,[44] die ihrem Geronto-Lover in Orgien vorschmachtet, wie schön es sei, »über die transplantierten Wangen zu tätscheln, den Altmänneratem zu ertragen«.[45]

Der Casanova

Ist es ein Zeichen von Doppelmoral, dass die serielle Vielweiberei mehr akzeptiert scheint als die parallele? Der Womanizer hat seine Jagdgründe an die Arbeit verlegt. Denn über ein Drittel der Ehen entstehen am Arbeitsplatz. Was rein statistisch öfter vorkommt, als man denkt, ist allerdings verpönt, vor allem in den keimfreien, US-amerikanischen Unternehmen gilt: »Don't get your meat where you get your bread«, oder etwas rustikaler »Don't shit where you eat.«

Vgl. > Die Sekretärin

Der Charmeur/Der Charmebolzen

Vgl. > Der Opportunist

Die Chaostussi

Ein Schatten einer Schönheit huscht spätabends auf hohen Hacken und mit zwei überfüllten Taschen im Schlepptau (eine schaut nach Business aus, die andere nach viel, viel Privatem) in die Hotelbar, in der freien Hand eine Financial Times von gestern. Sie startet den Laptop, bestellt eine Cola light, holt gefühlte 200 Blätter A4 an Akten aus der Tasche (Sie wissen, welche), beginnt seelenruhig zu arbeiten. Dreht den Ring am Mittelfinger als virtuelle Denkhilfe beim Beantworten der Mails und fragt sich nicht einmal, warum sie niemand anspricht. Das männliche Pendant? Ist nicht allein und tarnt das Ganze als Sitzung.

Der Choleriker

Fragt der Psychiater seinen cholerischen Patienten: »... und worauf führen Sie Ihre Kontaktschwierigkeiten zu anderen Personen zurück?« Antwortet der Patient: »Aber das sollst du doch herausfinden, du verdammtes Arschloch!«

Die Diva

Die wahren und echten Diven sind Männer – ohne jedoch die Beine zu rasieren.

Der Drachen

Vgl. > Die Matrone

Die Dramaqueen

Die Aufmerksamkeitshure vom Dienst. Nicht zwingend weiblich, aber sicher affektiert. Findet entweder alles »total supi« oder ist »total fertig am Boden«. Kichert, kreischt vor Freude, liebt den theatralischen Abgang und wedelt dabei mit der nicht sichtbaren Pfauenfeder im Arsch.

Der Dünnhäutige

Ein Schönwetterkapitän, der beim ersten Gegenwind einfach so seine Aufgabe oder sein Amt hinköhlert.

Der Durchblicker

Schafft es in U-Bahn, Theaterfoyer oder Sitzungszimmer, solange den Damen auf den Busen zu starren, bis er überzeugt ist, Form, Körbchengröße sowie Kontraststärke und Durchmesser der Brustwarze benennen zu können. Hat dies als Wette schon bei Wetten-dass ... angeboten, wurde leider abgelehnt (Begründung: Familiensendung).

Der Eitle

Vgl. > Der Narzist

Die Emanze

Aus der Arithmetik einer Emanze: Wie nennt man einen Mann mit einem IQ von 50? Begnadet. Wie nennt man einen Mann, der 90 % seiner Denkfähigkeit verloren hat? Einen Witwer.

Das Ferkel

Vgl. > Das Schwein, Der Libidinöse

Der Geschleckte

Vgl. > Der Lackaffe

Die Heulsuse

Tränen sind ihre Waffe, manchmal auch gegen sich selber. So das Beispiel einer Mutter, die unter Tränen in einer nachmittäglichen Brüllshow ihren renitenten Sohn anschrie: »Ich bin deine Mutter, du Hurensohn.«

Das Heulweib

Tränen sind Macht. Nahe am Wasser gebaut, fährt sie ihre emotionale Erpressungsstrategie. Die Zierde jeder Beerdigung auf dem Lande.

Vgl. > Der Gaffer

Die Hübsche

»Frauen tun für ihr Äußeres Dinge, für die jeder Gebrauchtwagenhändler ins Gefängnis kommt« (Nick Nolte).

Vgl. > Die dicke Lippe

Der Impulsive

Impulsivität, also das unangemessene und unkontrollierte Explodieren auf äußere und innere Reize, ist wichtiges Requisit des amtlichen Arschlochs. Einfach schreien, fauchen, draufhauen mit niedriger Hemmschwelle und ohne Rücksicht auf mögliche Konsequenzen: Hirnaktivität abschalten und die Sau rauslassen. Schließlich geben Freilandsauen das bessere Fleisch.

Der Kläffer

Hunde, die bellen, beißen nicht.

Der Latte-Macchiato-Manager

Das sind Schaumschläger, sie trinken den Kaffee verdünnt. Weder richtig Kaffee noch richtig Milch noch richtig Zuckerwasser, sondern ein schön ausgewogener Kompromiss von verdünntem Kaffee, mit verdünntem Kaffee verdünnter Milch, oben drauf zu warmer Luft geschlagenem Schaum. Trinken Kaffee in Plastikbechern mit dämlichen Logos bedruckt, und degradieren sich im wörtlichen Sinne zum Werbeträger. Sie glauben, dass kalter Kaffee schön mache, sonst würden sie kaum stundenlang am selben Kaffee nippen.

Der Launische

Auch Männer haben ihre Tage …

Der Leerschwätzer

Vgl. > Der Dampfplauderer, Der Wolkenschieber

Der Libidinöse

Die gestörte Koexistenz mit den eigenen Trieben führt zum asymmetrischen Abbau der Libido oft auf Kosten Dritter als Verbalerotiker, als verbaler Vergewaltiger, als Arschkneifer, Ausschnittausspäher oder ganz einfach als Wichser, der den unfairsten Sport dieser Welt ausübt: Fünf gegen einen.

Die dicke Lippe

In Zeiten der aufgespritzten Botox-Lippen ein modisches Accessoire.

Das Luder

Vgl. > Die Schlange

Der gelierte Macho

Der gelierte Macho legt viel Wert auf das Äußere, ist aber produktiv gesehen eine Nullnummer: »Am Morgen bin ich ganz schnell bereit. Zuerst stehe ich auf, dusche kurz. Danach hat mir mein Frisör empfohlen, zehn Minuten den Haarboden zu massieren, damit die Haarwurzeln straff bleiben. Dann hat mir die hübsche Dentalhygienikerin empfohlen, 20 Minuten das Zahnfleisch zu massieren und die Zahnzwischenräume mit Zahnseide sauber zu halten. Die Kosmetikerin hat mir eine einfache Herrenpflegelinie empfohlen, mit der Maske und dem Antifaltenprogramm für die Augen geht das nur 20 Minuten. Mein Yogalehrer hat mir einige einfache Entspannungsübungen empfohlen, sie dauern nur 30 Minuten. Dann kommt eine Stunde Rückengymnastik, denn wenn ich in den langen Gängen der Flughäfen die Aktentasche trage, muss der Muskelaufbau die schräge Haltung kompensieren können, damit ich auch in der Hotelhalle noch gut aussehe. Danach gehe ich frühstücken, die Ernährungsberaterin sagte mir, ich solle mir Zeit nehmen und das Müsli gut kauen, mindestens 20 Minuten. Danach mache ich noch ein paar Sehübungen, die mir der Optiker empfohlen hat, geht nur zehn Minuten. Dann wird es höchste Zeit für die erste Zwischenmahlzeit, denn ich sollte mindestens fünf Mahlzeiten am Tag einnehmen, sagte die Ernährungsberaterin. Höchste Zeit, die Übungen für das Knie und die Stärkung der Oberschenkel-Mikromuskulatur zur Entlastung der Kniescheiben zu machen, je zehn Kilo an beide Fesseln hängen und dann eine halbe Stunde balancieren. Dann kommen die Atemübungen, hat mir der Wellnesstherapeut empfohlen, am besten zweimal zehn Minuten. Ich habe am Morgen gerne auch Sex, das dauert – sagen wir mal – weniger als eine halbe Stunde (gemäß der jährlich erhobenen Studie des Kondomherstellers Durex in 14 Ländern beträgt eine durchschnittliche Beischlafdauer 17 Minuten) und danach bin ich bereit für die Arbeit. Das Dumme ist nur, dass die Sonne sich jetzt langsam ins Abendrot senkt, und ich keine Zeit mehr für die Arbeit habe. Höchste Zeit, ins Fitness zu huschen und dort mein zweistündiges Programm zu stemmen. Wenn ich gut drauf bin, hänge ich noch eine Runde Sauna an. Und etwas Klappkaribik für den Teint. Für die restlichen drei Mahlzeiten reicht's leider nicht mehr, denn jetzt muss ich noch einige Bars und Clubs abklappern für meine Sozialhygiene.« Die Frage bleibt: Wann soll der gepflegte Mann dann das Geld verdienen, um all die guten Tipps von Frisör, Kosmetikerin, Dentalhygienikerin, Yogalehrer, Personaltrainer, Ernährungsberater, Optiker, Wellnesstherapeuten und Libidovernichtungsexperten bezahlen zu können?

Die Matrone

Die Flitterwochen sind vorüber, wenn der Hund die Pantoffeln bringt und die Frau einen anbellt.

Die Memme

Ein eierloser Tut-als-ob, ein Weichling, Angsthase, Schwächling oder Feigling, geht auf das mittelhochdeutsche Wort »Mutterbrust« zurück.

Vgl. > Das Weichei

Der Narziss

Sie sind der Meinung, ein zu großes Ego schade Ihrer Karriere oder Ihrem Unternehmen? Falsch. Ohne gehörige Portion Eitelkeit stockt die Karriere, ohne ausgeprägtes Selbstbewusstsein, das Talent der Selbstdarstellung und Selbstverliebtheit läuft nix: Stellen Sie Fotos in Ihr Büro, die Sie mit berühmten Persönlichkeiten zeigen, reiben Sie bei Anlässen die Schultern der Vorstände, lassen Sie sich vor teuren Kunstwerken fotografieren. Wenn Sie einen Typen sehen wollen, der Erfolg ausstrahlt, dann schauen Sie in den Spiegel. Die Welt besteht aus Siegern und Besiegten, und Golf ist schließlich keine Sportart, sondern unerlässliches Karrieretool auf dem Weg nach oben.

Der Netzwerker

Zahlt mehr auf das Beziehungskonto ein, als er belastet.
Vgl. > Der Mafioso, Der Vernetzte

Der Pausenclown

Lacht über die eigenen Witze.

Der Populist

Gefährliches Halbwissen und steigende Halbwertzeit des kollektiven Gedächtnisses sowie ein Arsenal von starken Emotionen und Klischees potenzieller oder konstruierter »Gegner« (bevorzugt »die da oben« oder »das Establishment«), Vorurteilen oder Themen (das Fremde, die Benzinpreise, die Erderwärmung) bringen das »gesunde Volksempfinden« zum Kochen. Adolf lässt grüßen. Diese Dampfplauderer manipulieren und instrumentalisieren ihre Klientel mit leeren, unrealistischen, opportunistischen Versprechungen und fahren so ihre emotionalen Kampagnen in mediengerechter Theatralisierung. Es wäre sooo schön, das alles zu kaufen – aber zu einfach.

Der Psychopath

Es gibt 20 Kriterien für Psychopathen:[46]

1. Glatter, oberflächlicher Charme, 2. Grandiose Selbstüberschätzung, 3. Ständiges Bedürfnis nach Stimulation, 4. Pathologisches Lügen, 5. Manipulierend, 6. Kein Schuldgefühl, 7. Schwache Emotionen, 8. Nicht mitfühlend, 9. Parasitärer Lebensstil, 10. Wenig Verhaltenskontrolle, 11. Promiskuitives Sexualverhalten, 12. Frühe Verhaltensprobleme, 13. Keine langfristigen Lebensziele, 14. Impulsivität, 15. Unverantwortliches Handeln, 16. Weigerung, Verantwortung zu übernehmen, 17. Viele Kurzzeitbeziehungen, 18. Jugendkriminalität, 19. Verletzen von Bewährungsauflagen, 20. Große kriminelle Energie.

Immerhin ein Prozent der Weltbevölkerung sind Psychopathen. Von 100 Leuten einer. Und Studien sagen, im Management sind es gar 3,5 Prozent.[47] »Probleme löst der Psychopath analytisch, wie eine Rechenaufgabe. Er lügt und hat kein schlechtes Gewissen. Sie haben Klarheit, die Fähigkeit, sich durchzusetzen, unliebsame Entscheidungen zu treffen und souverän zu vertreten. Darum haben viele Psychopathen ein leichtes Spiel. Viele ihrer Verhaltensweisen werden als Führungsstärke fehlinterpretiert.«[48] »Psychopathen sind meist brutaler, ihr Verhalten ist generell stärker kontrollierend, aggressiver, bedrohlicher und ausbeuterischer. Außerdem haben ihre Aggressivität und ihre Gewalttätigkeit etwas Raubtierhaftes, sie sind kaltblütig. Ihre Aggressivität ist instrumental, ein bloßes Mittel zum Erreichen eines Zwecks, und ihr folgt nur selten etwas, was dem normalen Bedauern darüber, anderen Schmerzen und Leid zugefügt zu haben, auch nur nahekommt.«[49] Das Vorgehen der Psychopathen ist denkbar einfach:[50]

1. Zuerst *beurteilen* Psychopathen den Wert von Menschen für ihre Bedürfnisse und ermitteln ihre psychischen Stärken und Schwächen.

2. Dann *manipulieren* sie ihre potenziellen Opfer, indem sie ihnen sorgfältig gestaltete Botschaften senden und ihr Feedback ständig benutzen, um die Kontrolle über sie zu gewinnen und zu behalten. Diese Vorgehensweise ist nicht nur bei den meisten Menschen effektiv, sondern ermöglicht es den Psychopathen auch, sich schnell und geschickt aus allen Schwierigkeiten herauszureden, wenn sie einmal jemand zur Rede stellt.
3. In der 3. Phase *verlassen* sie ihre ausgesaugten und bestürzten Opfer, weil sie von ihnen gelangweilt sind oder sonst von ihnen genug haben.

Zum Lebensstil eines Psychopathen gehören a) hartherzig sein (Anstand und Rücksicht sind hinderlich), b) narzisstisch sein, c) unvorhersehbar sein und d) unbarmherzig sein.[51] Alles kluge Überlebensstrategien im Raubtierkapitalismus und im entfesselten »Laisser-faire« der neoliberalen Marktwirtschaft.
Vgl. > Der Narziss

Der Punk

»Punk ist das, was im Kopf passiert, nicht das, was man am Körper trägt.«[52] Deshalb tragen die heutigen Punks der Chefetagen auch nur noch mental ihren Irokesenschnitt. Der utopistischen Sicht der Weltverbesserer der späten 60er-Jahre setzten Punks eine desillusionierte Weltanschauung entgegen: Bewusster Dilettantismus ist Stilmittel. Konsequenterweise sind sie mit Krawatten getarnt, schwärmen von der Schnörkellosigkeit der drei Akkorde und der befreienden Wirkung der Durchschlagskraft von Schwedenküssen. Auch im Geschäftsalltag, frei nach dem Motto: »Fuck me now, love me later.«

Der Rammler

Vgl. > Der Libidinöse

Die Rampensau

Normalerweise sind Schweine genügsame Tiere. Sie fressen Essensreste, leben in Ställen und verstehen sich gut mit ihren Artgenossen. Doch es gibt eine Schweinesorte, die aus der Art schlägt: die Rampensau.[53] Dieses arme Schwein ist ein Mensch, der alle Aufmerksamkeit haben will.[54]

Der Sanguiniker

Hat seine Ausbrüche nicht im Griff, verwechselt diese beschönigend mit Temperament.

Das Schnatterinchen

Sie hat von der Natur rätselhafterweise einen Chip eingebaut, der wie folgt funktioniert: Die Dame kann recht gut schweigen. Wenn aber eine Geschlechtsgenossin sich hinsetzt, geht ein Plapperprogramm los, bei dem selbst die Drehbuchautoren von »Sex and the City« oder Texter von Waschmittelwerbung alt aussehen.

Die Schnepfe

Einige typische Wesensmerkmale einer Schnepfe: herablassender, vorwurfsvoller Blick, schnippischer Kommentar. Oft als Saftschubse bezeichnet, arbeitet bevorzugt in Berufen wie Flight Attendant in kostenoptimierten Fluggesellschaften. Ihr Blick vermittelt die nonverbale Botschaft »Hey, ich kann doch auch nichts dafür, dass dieser Beruf seit vierzig Jahren keinen Glamour mehr hat und ich die Einzige bin, die es nicht merkt.« Sollte sich beim Roten Kreuz bewerben als Behindertentaxifahrerin, da können sich die Passagiere weniger wehren.

Die Sphinx

»Richtig verheiratet ist nur der Mann, der jedes Wort versteht, das seine Frau nicht gesagt hat« (Alfred Hitchcock).

Der Spürst-du-mich

Wir verstehen uns zwar nicht, aber wir spüren uns. Oder wie der Exfussballer Lothar Matthäus radebrecht: »Vom Feeling her habe ich ein gutes Gefühl.«

Der Stiernacken

Die Halsschlagadern schwellen an, die Haut wird rot, die Augen rollen, die Nasenflügel verbreitern sich, Schweiß steht in der Stirn, der Blick senkt sich, jetzt bleibt nur noch eins: Aus dem Weg – sparen Sie sich die Grobheit.

Die Stutenbeißerin

Beim Herdentier Pferd wird die interne Ausmarchung um die Führungsrolle weniger mit Tritten als mit Bissen unter den Stuten ausgemacht. Daher der Begriff »Stutenbissigkeit«. Die menschlichen Stuten machen das ähnlich: Sie intrigieren, werfen wohldosierte Gehässigkeiten an den Kopf, versuchen zu provozieren. Dies ist nicht einfach Rivalität, sondern Ausdruck von Eifersucht, Neid und Missgunst. Etwas, das auch bei Männern vorkommen soll. Dort wird es euphemistisch als Wettbewerbsorientierung oder Sportlichkeit umgedeutet.

Vgl. > Die Zicke

Der Süßholzraspler

Vgl. > Der Dünnbrettbohrer

Der Testosteronschub

Vgl. > Der Libidinöse

Die Tussi

Eine(r), die nicht mehr alle hat, pussyhaft dreht sich alles nur um den eigenen Bauchnabel, lästern gehört zum Handwerk.

Der politisch Unkorrekte

»Alles Schöne im Leben hat einen Haken: Es ist unmoralisch, illegal oder es macht dick« (Mae West).

Der Verbalerotiker

Vgl. > Der Libidinöse

Der Verschreibungspflichtige

Der ist gefährlich, wenn er auf andere losgelassen wird. Ein pathologischer Fall, einer der Pillen braucht. Ruhiggestellter Wellensittich unter Strom, kooperativ wie die nordkoreanische Atombehörde.

Die Wer-hat-hier-die-Hosen-an

Eine Frau, die keine Quote braucht.

Die Xanthippe

Die Ehefrau von Sokrates, nach Überlieferung ein zänkisches, übellauniges, streitsüchtiges Weib.

Die YMCA-Show-Tussi

Einmal im Jahr, dann wenn die Firma den Alkohol spendiert, wird er aktiv: Der YMCA-Show-Dancer lebt den peinlichen Hüftschwung und seine schwule Seite aus, tanzt auf dem Tisch, weiß am Tag danach nichts mehr vom dynamischen Hüftschwung und behauptet, er habe unter dem Tisch getanzt, unterirdisch quasi. Wie wahr.

Die Zicke

Zicke sein ist kein Privileg der Frau.

Die Zimtzicke

Steigerung einer Zicke, allein dem weiblichen Geschlecht vorbehalten. Hinterlässt beim schnaubenden Abgang Stilettospuren im Parkett.

Die E-Gattung: Die Survivors und Indifferenten

Wie fühlt man sich, wenn man in der Mitte der Leadershit-Matrix steckt – also weder besonders offen noch wirklich gegen den Wandel, also weder besonders emotional noch besonders rational? Wohl nicht sehr bedeutend. Das kümmert einen nicht weiter, ist man doch mit dem Lecken eigener Wunden beschäftigt. Als Überlebender ist man ja ohnehin in der Historie unterwegs, als Indifferenter geht einem das alles am A vorbei.

Der Abgestumpfte

Der Überlebende des 17. Kick-off. Mit matten Augen und mit Schulterzucken lässt er die neueste Tschakka-Tschakka-Veranstaltung über sich ergehen. Schließlich hat er ja schon fünf Managementwechsel überlebt.
Vgl. > Der Ayatollah

Der Abgestürzte

Je höher der Ball, desto tiefer der Fall, alte Journalistenweisheit.

Der Alarmierte

Der beherrscht die hohe Kunst des hypochondrischen Hyperventilierens mit einem Ruhepuls von 180. Immer bereit für die nächste Katastrophe: Beim Waldsterben rüstete der Alarmierte als einer der Ersten auf geregelten Dreifach-Kat um, nach BSE lernte er, den Sonntagsbraten ohne Markknochen zu schmoren, und vermied damit nachweislich eine Ansteckung durch Creutzfeltd-Jacob, nach Afrika reist er seit der Ebola-Gefahr nicht mehr, seit dem CO_2-Hype würde er Hybrid fahren, sofern deutsche Autobauer das günstig anböten, Sars, Vogel- und Schweinegrippe und EHEC gingen an ihm vorbei, da er die richtigen Vorsichtsmaßnahmen angeordnet hatte. Nun ist der Kopf frei für die nächsten Hypes.

Der Allroundlaie

In vielen Führungspositionen anzutreffen: Hat von allem keine Ahnung. Am besten ist es, dieser Taugenichts ist auf Urlaubs- oder Geschäftsreise. Dann kann er zu Hause keinen Schaden anrichten.

Der Altruist

Der Held der Altruisten findet es in Ordnung, wenn ihm ein Arschloch vor der Sonne steht. Der Schatten schützt schließlich vor Hautkrebs.

Vgl. > Der Gutmensch

Der Arschkriecher

Wer kriecht, stolpert nicht. Alte Kriecherweisheit.

Vgl. > Der Schleimer

Das gemeine Arschloch

Es sei hier ein Denkmal gesetzt für das einfache, gemeine Arschloch, für das es sonst keine Worte gibt.

Die Ausrede

Die Ausrede ist die Allzweckwaffe jedes ausgebufften Arschlochs. Meine Lieblinge der Allround-Ausreden sind:

- Der Server ist abgestürzt.
- Der Zeitplan war ehrgeizig.
- Wir müssen die unterschiedlichen Zeitverständnisse synchronisieren.
- Headquarter hat entschieden.
- Headquarter hat nicht entschieden.
- Das stand aber klar im Back-up der Präsentation.
- IT hat uns das so versprochen.
- Ist das mit XY abgestimmt?.
- Das haben wir 1997 schon mal versucht.
- Ich war nicht ins CC gesetzt.
- Ich war in einem Funkloch.
- Ich glaube, jetzt kommt ein Tunnel.
- Der Akku war leer.
- Die Pre-Tests waren alle positiv.
- Dafür war in der Vorstandssitzung leider keine Zeit mehr.
- Und der absolute Favorit der Erfolgsfreien: Der Weg ist das Ziel.

Der Bär

Kennen Sie die Bärenstellung? Vor dem Loch sitzen und brummen. Genau so »dienen« sich die Bären nach oben. Sie liegen am Rande des Flusses, dort, wo die Lachse hochspringen. Sie brauchen nur noch den Mund zu öffnen, und die gebratenen Tauben fliegen in den Rachen.

Der Beschöniger

Wenn ein Fußballer nach verlorenem Spiel »die Leistung nicht voll abrufen konnte«, dann lächelt der Betrachter. Erst recht,

wenn Politiker nach verlorener Wahl die unvermeidlichen Fragen von Journalisten in etwa wie folgt beantworten: »Zunächst einmal, bevor ich auf Ihre Frage eingehe, danke ich den Wählerinnen und Wählern und den vielen tausend ehrenamtlichen Helfern im Land, die … Im Übrigen ist es noch zu früh, das Ergebnis zu bewerten, im Augenblick liegen ja nur die Hochrechnungen vor, warten Sie mal den weiteren Abend und das amtliche Endergebnis ab, da kann sich noch viel tun … Für Schuldzuweisungen und Personaldebatten ist jetzt nicht der Augenblick, wir werden das Ergebnis in den kommenden Tagen im erweiterten Parteivorstand zu analysieren haben …, bitte haben Sie Verständnis dafür, dass ich mich zum gegenwärtigen Zeitpunkt nicht an Spekulationen beteiligen möchte …«[55] Die rhetorische Nullnummer.
Vgl. > Der Euphemist

Der Besessene
Reitet selbst das tote Pferd zu neuen Horizonten, merkt allerdings nicht, dass er rückwärts auf dem Pferd sitzt. Oft anzutreffen als veränderungsresistenter Change-Survivor (preist die Vorzüge des real existierenden Sozialismus, selbst 20 Jahre nach dem Mauerfall). Leidet unter Phantomschmerz.

Der Besserossi
Ehemaliges Parteikader der DDR, der die Wessis anmahnt, es sei doch nicht alles sooo schlecht gewesen im Arbeiter- und Bauernstaat. Kulturell gesehen hat sich der Besserossi gesamtdeutsch durchgesetzt, so z. B. in der Anspruchshaltung an den Staat, im Herunterschrauben der Eigenverantwortung, im Nicht-Nutzen von Freiräumen, ja – und teilweise sogar in der Leistungsorientierung. Diesbezüglich hat die DDR einen kulturellen »Reverse-Takeover« vollzogen, hat also die DDR die BRD übernommen,

die Ossis haben elf neue Bundesbezirke annektiert und wie bei jeder Post-Merger-Integration, ist einiges schiefgelaufen.[56]
Vgl. > Der Altachtundsechziger, Der Apparatschik

Der Besserwisser

»Besserwisser sind Leute, die einem Pferd die Sporen geben, auf dem sie gar nicht sitzen.«[57] Ein Besserwisser zieht sich während der Weinverkostung auf die Toilette zurück, um sich online mit dem i-Phone Informationen zum Wein zu verschaffen. Der Besserwisser reagiert resultatoffen auf neue Ideen, gibt jedoch zu bedenken: »Kommen Sie mir nicht mit dieser ollen Masche, das haben wir alles 2003 schon mal versucht.« Also Menschen, die nachher immer alles schon vorher wussten. Schließlich war früher früher auch besser. So gesehen sind Besserwisser meist Schlechtermacher.[58]
Vgl. > Der Klugscheißer

Der Birkenstock

So viel sausackige und enthemmte Ignoranz kann nur deutsch sein. Der als »gesund« und »bequem« getarnte Geschmacksterror, gepaart mit Mut zur Hässlichkeit, nimmt das gesamte, unschuldige Umfeld in seine spießige Geiselhaft. Pech, wer in einem Pantoffelbetrieb mit Turnschuhen durch die Gänge rast.

Der Blinde

Jeden Tag kauft ein Blinder in der Bäckerei vier Mohnbrötchen. Nach einigen Wochen fragt die Verkäuferin ganz neugierig: »Sie essen jeden Tag vier Mohnbrötchen, ist das nicht etwas viel?« »Nein«, antwortet der Blinde, »ich streiche mit meinen Fingern nur drüber, da sind immer so schöne Geschichten drauf.« (Den hab ich von meinem Augenarzt.)

Die Bluejeans
Wie beim Knackarsch: An entscheidender Stelle ist eine Niete.

Der Blutsauger
Solange mein Boss, dieser Blutsauger, so tut, als würde er viel bezahlen, tue ich so, als würde ich viel arbeiten. Schließlich ist mein Salär ja eine Freizeitausfallentschädigung.

Der Bulle
Nur Kühe mögen Bullen. Und ich mag Kuhwitze. Mein Liebling: Sagt eine Kuh zum Polizisten: Stellen Sie sich vor, mein Mann ist auch ein Bulle.

Das Chamäleon
Die Farbe zu wechseln, ist nicht nur in der Natur Überlebensstrategie. Dazu die Geschichte eines Fischers aus dem Spreewald: »Aale schmeckten früher zu DDR-Zeiten einfach besser. Nach dem Fang wurden sie sofort geräuchert, bis sie braun waren. Dann verkauften wir sie schwarz – gegen blaue Scheine. Damit kamen wir auf einen grünen Zweig, ohne rot zu werden.«
Vgl. > Der Opportunist

Der Cosmoprolet
Kennt die ganze Welt – und einen Teil des Auslandes.

Der Drückeberger
Ein mentaler Aussteiger, oft im mittleren Management anzutreffen in einer besonderen Form des Widerstandes: Nimmt die materiellen Annehmlichkeiten seiner Position billigend in Kauf, fraternisiert jedoch nach unten.

Die Dumpfbacke

Immerhin ein Spezi, der es schon in den Duden geschafft hat. Daselbst nachzulesen: »ein törichter, einfältiger Mensch«. Eine dümmliche, naive Person ohne Einfühlungsvermögen und Realitätssinn. Ein genuines Arschloch halt.

Der Eidgenosse

Vgl. > Der Helvetier

Der Eigentlich

Das ist die fleischgewordene, kommunikative Bankrotterklärung: ein Fabulierer, Schwadronierer zwischen dem Ungefähren und dem Ungenauen. Leute, die in Sätze das Füllwort »eigentlich« streuen, haben nichts zu sagen, und das, was sie sagen, verkommt zur unverbindlichen Beliebigkeit. Das »Vielleicht«, das »Übrigens«, das »Nebenbei« und das »Außerdem« sind Wesensverwandte des Eigentlichs. Sie lassen sich über Gott und die Welt aus, sie sind Sprachschaum und Füllstoff. Sätze mit »eigentlich« sind Zeichen von Unsicherheit und Überforderung, Manifest von gefährlichem Halbwissen. »Eigentlich müsste/sollte/könnte man…« sagt ja alles bzw. nichts. Der »Sollte«, der »Wäre« und der »Möchte« waren Geschwister, lehrte mich mein Vater, und alle drei haben es zu nichts gebracht.

Der Esel

Man sagt allgemein, dass die Esel stur sind. »Na ja, wie man's nimmt. Ich denke, sie sind aus Klugheit stur. Wenn einem Esel etwas nicht geheuer ist, dann bleibt er mal stehen und denkt nach. So nach dem Motto, lieber nix machen als was Falsches, jeder Schritt kann tödlich sein. Ein Pferd hingegen kriegt Panik und rennt ohne Sinn und Verstand drauflos. Wenn es Pech hat, direkt in sein Verderben.«[59] Ebenso sagt man allgemein, dass der Gescheitere nachgebe, und der Esel stehen bleibe. Jedoch: »Ein Pferd kann man zwingen, einen Esel muss man überzeugen.«[60]

Der Fahrradfahrer

Nach unten treten, nach oben buckeln, so nennt man Radfahrer in der Teppichetage. Wissen Sie, wie man die Schwärme urbaner Verkehrsregelverweigerer auf zwei Rädern nennt? Mobile Organspende.

Der Fatalist

Sieht sich als Stuhl: Der muss auch mit jedem Arsch klarkommen.

Der Figurant

Da gibt einer vor, etwas zu sein, was er nicht ist. Da spielt einer zum Beispiel Aufsichtsratsvorsitzender, ist jedoch lediglich geduldeter Figurant: zum Beispiel der Expolitiker, der von der Industrie jahrelang mit Parteispenden stimuliert wurde. Als handzahme Marionette bewährt und qualifiziert er sich für höhere Weihen, meist in Form von Aufsichtratsmandaten von staatsnahen Unternehmen. Vorzugsweise in der Telekom-, Strom-, Gas- und Finanzindustrie, im öffentlichen Rundfunk. Eine Spielart von Figurant ist das Quotenweib.

Der Flautenschieber

Nichts läuft, aber die Ausreden sind brillant.
Vgl. > Der hektische Aktionist

Der Flexible

Die schöne, neue Arbeitswelt braucht flexible Menschen. Alles, was diese Freelancer, Ich-AGs, Projektarbeiter und Praktikanten brauchen, sind W-Lan und ein Druckeranschluss. Ein oberflächlicher, ungebundener Hang zu Beliebigkeit und Austauschbarkeit sind beobachtbare Folgen. Wer offen ist für alles, ist nicht ganz dicht.

Vgl. > Die servile Windfahne, Der Opportunist

Der Gaffer

Magisch angezogen und zutiefst angeekelt vom Geschehen, geilt sich der Zaungast auf.

Der Gelassene

Wenn ihm ein Vogel auf den Anzug macht, freut sich der Gelassene, dass Kühe nicht fliegen können.

Der Globalisierungsgegner

»Die Asiaten haben den Weltmarkt mit unlauteren Methoden erobert – sie arbeiten während der Arbeitszeit« (Ephraim Kishon).

Der Glückliche

Wenn Glück »einfach eine gute Gesundheit und ein schlechtes Gedächtnis ist«, wie Hemingway es formulierte, dann sind einige Alzheimer in den Chefetagen unterwegs. Glück, sagt das Lexikon, ist ein »gesteigertes Lebensgefühl, in dem der Mensch mit seiner Lage und seinem Schicksal einig und sich dieser Einhelligkeit gefühlsmäßig bewusst ist: Er glaubt, seine wesentlichen Wünsche seien erfüllt, innere Unstimmigkeiten scheinen gelöst. Dieses Lebensgefühl kann alle Stufen von Sinnlichem bis zum Sublim-Geistigen durchlaufen.« Es scheint also derjenige glücklich in seiner Arbeit, der vergessen hat, wie das richtige Leben sein könnte. Oder um es in den Worten von Søren Kirkegaard zu sagen: »Das Vergleichen ist das Ende des Glücks und der Anfang der Unzufriedenheit.«

Der nice Guy

Der nette Kerl, das Oberarschloch vom Dienst, weil er alles aushält und so die Arschlöcher in ihrer Wirkung bestärkt.

Der Halsabschneider

Sagt der Mitarbeiter zu seinem Chef: »Wenn Sie mir jetzt keine Gehaltserhöhung gewähren, erzähle ich allen, ich hätte eine bekommen.«

Der Haudrauf

Ein kleiner Mann sitzt traurig in der Kneipe, vor sich ein Bier. Kommt ein richtiger Kerl, haut dem Kleinen auf die Schulter und trinkt dessen Bier aus. Der Kleine fängt an zu weinen. Der große Haudrauf: »Nun hab dich nicht so, du memmiges Weichei! Flennen wegen einem Bier!« Der Kleine: »Na, dann pass mal auf. Heute früh hat mich meine Frau verlassen, Konto abgeräumt, Haus leer. Danach habe ich meinen Job verloren! Ich wollte nicht mehr leben. Legte ich mich aufs Gleis … Umleitung! Wollte mich aufhängen … Strick gerissen! Wollte mich erschießen … Revolver klemmt! Und nun kaufe ich vom letzten Geld ein Bier, kippe Gift rein, und du säufst es mir weg!«

Vgl. > Der Holzhammer, Die Kampfsau

Der Held

Es gibt sie noch, die wahren Helden der Arbeit, die trotz all dieser Kackbratzen, Stinkstiefel und Kotztüten ihre Arbeit verrichten, dafür sorgen, dass mit ihrem beständigen Tun der Karren läuft. Oder um es mit David Bowie und seinem Achtziger-Welthit zu sagen:

»We can beat them, for ever and ever
Oh we can be Heroes,
just for one day.«

Der Helvetier

Wenn jemand den Satz beginnt mit den Worten »Das Problem ist…«, haben Sie vermutlich einen Schweizer vor sich. Der Schweizer sieht grundsätzlich Probleme. Und dann muss er ausgiebig darüber debattieren. Alles muss beredet werden, jeder kriegt Gehör (die eidgenössischen Politiker haben dafür sogar ein Wort kreiert: die Vernehmlassung…). Der Schweizer ist ein ernster Mensch, sogar die locker hingeworfene Frage »Wie geht's?« nimmt er ernst und beginnt darüber nachzudenken, wie es ihm nun gehe. Grundsätzlich eigentlich nicht gut, man leidet auf hohem Niveau. Was den Schweizer auch auszeichnet, sind seine empfindlichen Füße. Das ist die einzige Erklärung, warum er noch weiße Socken trägt. Die Restbestände der weltweiten Weiße-Socken-Produktion wird in der Schweiz ausgetragen (die Afrikaner würden die Annahme selbst als Spende verweigern). Die Schweiz wird von der Bergfraktion regiert: In wichtigen Abstimmungen (und es gibt zu allem eine Abstimmung) setzen sich meist die Bergkantone mit der Mehrheit durch. Die Bauern tragen bevorzugt Gummistiefel (weil es auf Schnürsenkel keine Subventionen gibt). Die anderen Schweizer erkennen Sie – nebst den weißen Socken – an den gepiercten Ohrläppchen und am Schnauzer. Die bevorzugten Kleiderfarben sind gedeckte Schlammtöne. Da fällt es auch nicht so auf, dass die Hände stets in der Hosentasche stecken, vermutlich um die Eier vor Kälte zu schützen. Am Ende jedes Satzes platziert der Eidgenosse ein »Oderrr?«. Der Schweizer fragt »warum?« während der Amerikaner »warum nicht?« fragt. Preußische Direktheit ist ein Gräuel. Probleme werden be-sprochen, nicht an-gesprochen. Das Schnelle und das Große sind suspekt. Der Schweizer ist pünktlich, tendenziell introvertiert, auf den Nahbereich fixiert. Der Schweizer ist selbstverliebt, selbstgerecht und realistisch. Dieser Realitätssinn, der Fokus auf das Machbare, das Kleine, das Übersichtliche kaschiert Mutlosigkeit. Die wenigen Schlachten der langen Geschichte wurden aus dem Hinterhalt gewonnen, werden heute noch gefeiert, Niederlagen verdrängt. Und: Der Schweizer ist nicht Schweizer, sondern primär Züricher, Basler, Bündner, Tessiner, Bergler, Städter, katholisch, reformiert, Rechtsträger, Linksstimmer. Der Schweizer definiert sich also über den Unterschied. Ich bin Appenzeller, nicht Thurgauer. Ich bin Romand, kein Aargauer. Ich bin Migros-Kunde, kein Coop-Kunde. Erstaunlich, dass bei so viel Differenzierung der Schweizer einen erstaunlich starken, kollektiven Abwehrreflex hat. Gegen alles Fremde, gegen alles Neue vereint sich der Helvetier: Gegen die Kritiker am Bankkundengeheimnis, gegen die Konkurrenz, die Swissair in die Knie zwang, gegen die Vasallen Gaddhafis, gegen Muslime, gegen die Minarettbauer. Aber sagen Sie so was nie einem Schweizer. Das mag er nicht. Denn er sieht sich als weltoffenen, vernetzten Kosmopoliten mit dem besten politischen, wirtschaftlichen, sozialen System, von dem alle anderen was lernen könnten. Das erklärt das Normale am alpinen Sonderfall Schweiz.

Der Hinterbänkler

Vgl. > Die Schnarchnase

Der Hoffnungsträger

Selten häufen sich Hoffnungen so turmhoch an wie bei der Geburt eines Kindes. Und mit diesen Hoffnungen türmt sich auch das zivilisatorische Verständnis über das Leben, das diese Babys vor sich haben. Hier einige Ideen über die Jahrhunderte:[61]

Die christliche Kirche im Mittelalter sagte: Das Baby wird unschuldig geboren, die Sünde ist weltlich, die Rettung erfolgt durch Christus in der nächsten Welt. Die Philosophen sagen, Babys kommen blank auf die Welt mit einer Prädisposition, sich Eigentum anzueignen. Ökonomen wie Adam Smith sagen: Das Baby kommt als autonomes Wesen zur Welt mit der Gabe, Eigeninteressen zu verfolgen. Evolutionspsychologen sagen, Babys kommen mit einer Orientierung zur Lust und einer Vermeidung von Schmerz zur Welt, getrieben von Nützlichkeitsdenken. Charles Darwin sagte, Babys wollen letztlich nur ihr Überleben sichern und sich selbst reproduzieren. Sigmund Freuds These ist: Babys sind getrieben von sexuellem Appetit und dem Drang, Libido zu vernichten. Wenn wir also unschuldige Babys anschauen, lernen wir viel über den Menschen, das Arschloch-Sein wird einem schon in die Wiege gelegt: Der Mensch (schon als Baby) ist böse, sündig, kaltblütig berechnend, autonom, entkoppelt von den Ansprüchen anderer, egoistisch, von Materialismus und Utilitarismus getrieben, auf Kosten anderer zu überleben, nur darauf aus, Libido zu vernichten.

Wow! Und zuletzt also starb die Hoffnung.

Der Hofnarr

Vgl. > Der Pausenclown

Der Ja-Aber

Vgl. > Der Bedenkenträger

Der Jammerlappen

Der Betroffenheitshausierer der mehr vorkommt, als einem lieb ist. Bevorzugte Themen dieses berufsmäßigen Opfers und Garstlings: Früher war früher auch besser, Klimakatastrophe, das schlechte Wetter und das Schicksal des »kleinen Mannes«. Kommt überall in der Welt vor, stärkste Besiedlungsdichte ist jedoch in Deutschland, nördlich des Weißwurstäquators. Jammern ist übrigens ansteckend. Erzählen Sie mal eine Jammergeschichte. Man wird Ihnen beipflichten und Sie mit zig anderen noch schlimmeren Gruselgeschichten zumüllen.

Der Jongleur

Eine Kernkompetenz zum Überleben in Zitronenorganisationen: kostenoptimiert, zwangssaniert und ausgepresst, auf dass alle freiwillig 120 Prozent leisten. Ein Gaukler, der mehr Bälle in der Luft halten mag, als er Hände hat.

Die Kampfschnecke

Irgendwie selbsterklärend. Was ihr an Tempo fehlt, macht der Wille auch nicht wett. Verbreitet anzutreffen in den Gärtchen der Back-up-Offices. Wehe, wenn sie auf Kunden losgelassen.

Vgl. > Die Ausrede

Die Klette

Hat den optimalen Zeitpunkt des Loslassens verpasst.

Der Klon

Organisationen sind Schatten ihrer Bosse. Und diese Bosse neigen dazu, wenig Eigenständiges neben der eigenen Großartigkeit zu dulden. Deshalb wachsen im Schatten dieser Bosse windkanalartige Klone heran. Mentale Inzucht. His master's voice. Talking heads.

Vgl. > Der Schleimer, Der Selbstlose

Der Konfliktscheue

Kürzlich erhielt ich eine Anfrage der Armeespitze, ob ich in einem festgefahrenen Konflikt vermitteln und in Sachen Konfliktmanagement beistehen könnte. Nach Studium des Briefings war klar: Der Fisch beginnt am Kopf zu stinken, dies wird ein abenteuerliches Himmelfahrtskommando, denn einem polternden Autisten Wertschätzung beizubringen, gleicht dem Versuch, einen Großmufti zu evangelisieren. Meine Rückmeldung an den beauftragten Personalentwickler, dass ich keinen sinnvollen, externen Support sehe, da nach meinem Wissensstand die Armee selber ja die ultimative Konfliktlösungsinstanz sei, fand offenbar nur ich lustig.

Der Kriecher

Vgl. > Der Schleimer

Die Kröte

»Bist du eigentlich ein Vollzeitarschloch, oder treffe ich dich einfach immer im falschen Moment?«

Der Krötenschlucker

Unter Hinweis auf die nicht veränderbaren Umstände wird aller Unbill hingenommen.

Der Krummbuckel

Vgl. > Der Speichellecker, Der Duckmäuser

Der Kunde

Der Kunde steht im Mittelpunkt. Und da stört er. Es ist sehr unlustig, in der Servicewüste Deutschlands Kunde zu sein. Kleine Demütigungen gehören dazu. Die Frau am Kiosk sortiert minutenlang Kleingeld, ohne dass sie Ihre Anwesenheit irgendwie störend empfindet. Die Kellnerin, die schlechte Laune mit Coolness verwechselt (ich kann ja als Gast auch nichts dafür, dass das mit der Künstlerkarriere nicht so geklappt hat, oder?). Der Pförtner, der für Sie nur ein unverständliches Brummeln übrig hat (wenn überhaupt). Der Callcenter-Agent der alles ist, nur nicht zuständig. Der Handwerker, der Dankbarkeit vom

Kunden erwartet, wenn er drei Tage später kommt als vereinbart. Man kann diese geballte Arroganz sportlich nehmen. Oder sich auf das Grundrecht jedes Kunden berufen, das Recht der freien Wahl nämlich.

Der Langsame

Es gibt zwei Arten von Langsamen: die, die nicht anders können, und die, die nicht anders wollen. Letztere haben das chinesische Sprichwort verinnerlicht: Wenn du eine Abkürzung gehen willst, mache einen Umweg. Wie beim Wein (die ersten Trauben werden zum billigsten Wein verarbeitet) gibt die Edelfäule eine spezielle Note. Nicht für alle Branchen außerhalb des Winzerbusiness geeignet. Aber eine schöne Metapher.

Der Leibeigene

Der moderne Sklave ist ständig erreichbar. 120 Prozent Einsatz sind die Regel, Feierabend findet erst statt wenn die Kinder schon im Bett sind – es ist dann ja schließlich auch weniger Berufsverkehr. Die Präsentation wird am Sonntagmorgen noch per Blackberry abgestimmt, das Diensthandy ist die freiwillige Fußfessel des Leibeigenen: Leben im Stand-by-Modus bis der Letzte vom Stuhl kippt. Die Schlauen unter den Leibeigenen machen Urlaub im Funkloch.

Vgl. > Der Blutsauger

Der Leichtmatrose

Vgl. > Der Betriebsrat

Der Leisetreter

Vgl. > Der Speichellecker

Der Lemming

Wer mit der Herde geht, läuft den Ärschen hinterher.

Der Lobhudler

Vgl. > Der Speichellecker

Der Lunch-Manager

Die hedonistische Abwandlung des Peters-Prinzip: Arbeitet in der Steakabteilung. Das ist diejenige Hälfte einer Konzernleitung in staatsnahen Betrieben oder verbeamteten Versicherungen, die man möglichst vom Büro fernhält, damit sie keinen Schaden anrichten. Der Lunch-Manager wird in alle (Verbands-) Ausschüsse, in alle Repräsentationsaufgaben und an Jubiläumsveranstaltungen abdelegiert. Steht meist kurz vor der Frühpensionierung, weiß es aber noch nicht.

Vgl. > Der Allroundlaie

Der Mann

»Du brauchst kein großer Mann zu sein, sei bloß ein Mann.« Seufzer einer Frau über die weichgespülten Betroffenheitsmänner.

Die Marionette

Vgl. > Der Figurant

Der Meinungsmensch

Hat zu allem und jedem eine Meinung. Das ist gut. Der ist böse.

Der Messenger

Das Paralleluniversum der Sitzungszimmer: In der ersten Ebene findet eine Sitzung statt, mit Agenda, Vortragenden, aufgeklappten Laptops und Diskussionen. Auf den Labtops läuft das

Messenger-Programm, mittels dessen selektive Gruppen direkt kommunizieren, Absprachen treffen, eben ein Paralleluniversum schaffen.

Der deutsche Michel

Deutschland ist das einzige Land, das ich kenne, das ein Ordnungsamt hat, man stelle sich vor: Ein Amt für Ordnung. Wow! Deshalb die Unordnung? Dies ist das Geheimnis deutscher Bürokratie. Alles reglementiert bis zum letzten Komma. Seit Kaiser Wilhelm sorgt eine Mischung von übersteigerter Kontrolle, Angst und Misstrauen sowie vorauseilendem Gehorsam dafür, dass im Grundsatz gute Ideen, wie zum Beispiel das Betriebsverfassungsgesetz, das einst eingeführt wurde, um vor Kinderarbeit und Staublunge zu schützen, pervertiert wird zu einem Papiertiger, mit dem Komitees über die Teppichfarbe eines neuen Büros befinden. Der deutsche Michel als König von Absurdistan. Noch ein Beispiel gefällig: 1959 erfanden im deutschen Arbeiter- und Bauernstaat DDR-Bürokraten den Lipsi: »Im Lipsi-Lipsi-Lipsi-Schritt, tanzen wir heut' alle mit.« Damit wollte man den Rock 'n' Roll aufhalten. Ein Unterfangen, das bekanntermaßen durch absolute Erfolgsfreiheit gekrönt wurde. Bitter, bitter.

Der Minimalist

Er ist wie der Bach und sucht sich immer den Weg des geringsten Widerstandes, bringt sein Wasser, zwar über Umwege, aber dennoch ins Meer.[62]

Der Mitläufer

Vgl. > Der Lemming

Der Modernisierungsverlierer

»Nach dem Change ist vor dem Change.« Diese Spirale bringt eine fürchterliche Mischung von Überforderung und Langeweile hervor. Männlich, gewalttätig, am Rande des Existenzminimums und mit aggressivem Lebenskonzept. Das sind nicht einfach nur ungebildete Zuwanderer, die dieses Muster leben, sondern ebenso rechtschaffene Rückwärtsheuler, die in ihren Arbeitgeber dynastische Arbeitsplatzsicherheit projizieren, befeuert von Betriebsrat, Gewerkschaften und Politik, stimuliert von ewiger Opferperspektive und den entsprechend bewirtschafteten Ängsten.

Der Nasenbohrer

Das tun immer die anderen. Außer im Auto.

Der Pantoffel

Ich weiß nicht, wie es Ihnen ergeht, aber wenn ich in ein Unternehmen komme, in denen die Mitarbeitenden Pantoffeln tragen, denke ich mir meinen Teil. Da muss es gemütlich sein, frei nach dem Motto: Sprints und andere kurzatmige Spielarten der Arbeit überlassen wir gerne anderen. Die Schweizer haben hierfür einen Namen: Finkenbetrieb.

Der Papiertiger

Eine Spezies Tier, die garantiert nie geschützt werden muss. Hat das »papierlose Büro« bestens überlebt.

Vgl. > Die Ethik-Maske

Der Partisan

Vgl. > Der Guerillakämpfer

Der Partysan

»Alle Tage sind gleich lang, jedoch verschieden breit« Udo Lindenberg.

Das Pisa-Opfer

Das kratzt am deutschen Selbstwertgefühl, aber die Pisa-Studie brachte ans Licht, was so mancher Personaler nur unter vorgehaltener Hand erzählte: Die Azubis waren zwar in der Schule, aber gelernt wurde nicht viel. Zumindest ist nicht viel hängen geblieben. »Zu wenige Unternehmen berücksichtigen die Qualifikationen und Motivationen junger Menschen«, entwirft André Mielke, der Welt-Kolumnist, das Anforderungsprofil der »Super-Azubine« in Zeiten von Castingshows.[63] »Kaum eine Maschinenbaufirma bietet eine Ausbildung zum Supermodel oder Popstar an. Im Lebensmittelhandel geht man immerhin auf das narzisstische Lebensgefühl der Lehrlinge ein und lässt sie vor laufenden Kameras arbeiten. Viel wäre gewonnen, hieße ein Dienst beim Abwasserzweckverband nicht mehr ›Schicht‹, sondern ›Casting‹ oder ›Mottoshow‹. Warum keift die Friseur-Salon-Chefin ihre Azubine an: ›Mandy, schon wieder zu spät‹, statt wie Heidi Klum zu flöten ›Heute habe ich leider kein Foto für dich‹? (…) Und jede angehende Bürokauffrau wird gern alle fünf Minuten Kaffee kochen, wenn man sie darum nicht mündlich, sondern via Facebook bittet.«[64]

Der Platzhalter

Nicht hier, aber auch nicht abwesend, steht für irgendwas, hält schon mal den Sitz warm. N.N. nomen nominandum steht anonymisiert für ein noch zu benennendes Ding. Bei Organigrammen hochpolitisch, weil die Eingeweihten es schon wissen. Oder Verdacht haben. Gerüchte machen fröhlich die Runde. Der Platzhalter ist weit verbreitet in der Teppichetage: auch als

Quotenweib oder als Ideenbox und als Vorschlagswesen für Innovationsmanagement.

Der Platzhirsch

Er war schon immer da. Oder anders gesagt: Woran erkennt man einen deutschen Urlauber? Das Revier wird mit Badetüchern markiert.

Der Pragmatiker

Das ist der Mann ohne Grundsätze. Und damit bringt man es weit im real existierenden Kapitalismus. Steht wie eine Fahne im Wind und hat einen Abgang wie ein ungekühltes Cola. Klebrig, bitter, übel.

Vgl. > Der Fatalist, Der Opportunist

Das Quotenweib

Für ein amtliches Arschloch ist grundsätzlich jede Frau in Führungsverantwortung eine Quotenfrau und als solche – US-amerikanisch ausgedrückt – »overpaid and underfucked«. Denn es gibt wenige Charakterisierungen, mit denen man eine weibliche Führungskraft so schnell und gründlich diskreditieren kann wie mit dem Begriff des Quotenweibs.

Vgl. > Der Figurant

Der Sandwich-Manager

Druck von oben, Druck von unten: Aber wie im richtigen Leben, das Beste am Sandwich ist in der Mitte.

Der Schauspieler

Vgl. > Der Gesichtsvermieter

Der Scheinfromme

Vgl. > Der Speichellecker

Die Scheinheilige

Frage: »Was ist scheinheilig?« Antwort: »Wenn eine Frau das ganze Jahr die Pille nimmt und an Weihnachten singt: ›Ihr Kinderlein kommet…‹«
Nachfrage: »…und was ist noch scheinheiliger?« Antwort: »Wenn der Vater und die Tochter mitsingen.«
Vgl. > Der Bigotte

Die Schlaftablette

Die Entdeckung der Langsamkeit hat nicht nur schöne Seiten.

Die Schlange

Ein Professor hielt an der Uni vor Medizinstudenten einen Vortrag über »Unfreiwillige muskuläre Kontraktionen«. Da er wusste, dass dies nicht unbedingt das spannendste Thema war, beschloss der Professor, die Vorlesung etwas aufzulockern. Er zeigte auf eine junge Studentin in der ersten Reihe und fragte: »Wissen Sie, was Ihr Arschloch tut, während Sie einen Orgasmus haben?« Sie antwortet: »Wahrscheinlich in der Kneipe sitzen und Pils trinken.«

Der Schmierenkomödiant

Landläufig ein schlechter Schauspieler. Also ein Politiker.

Die Schnarchnase

Ein tragisches Schicksal, denn irgendwann ging die Intelligenz verloren, und der Hintern wurde zugenäht, damit ja kein fröhlicher Furz aus dem verzagten Arsch komme. Was bleibt, ist oft nur noch ein Mandat in der Politik. *Vgl. > Der Hinterbänkler*

Der Schnorrer
Vgl. > Der Betriebsrat

Der Schnürsenkel
Ein zugeknöpfter Arsch, total flexibel, anpassungsfähig und zugeknöpft. Sobald jedoch Zug in die Sache kommt, löst sich alles widerstandslos auf.
Vgl. > Der Wendehals, Das Chamäleon

Der Schweizer
Vgl. > Der Helvetier

Der Selbstlose
Er steht im Dienst einer größeren Sache. Pflichterfüllung ist Pflicht. Hinterfragen lästig. Er tötet für das Übergeordnete.

Der Sesselfurzer
Vgl. > Der Beleidigte, Der deutsche Michel

Der Softie
Vgl. > Das Weichei

Der Soldat
Befehlsempfänger, in eine Hierarchie eingebunden, im Dienste einer größeren Sache, es werden keine kritischen Fragen gestellt, hingegen gemurrt. Im Gegensatz zum > *Söldner.*

Der Sonderling
Vgl. > Das Scheusal

Der Sozialarbeiter
Vgl. > Der Achtsame

Der Sozialromantiker

Das sind Politiker, Journalisten, Gewerkschafter und freigestellte Betriebsräte oder sonst Leute, die das Leben nicht mit ihrer Hände Arbeit verdienen und – frei nach Rainer Werner Fassbinder – davon ausgehen, »sozial ist, wenn es *mir* gut geht«. Sozialstaat heißt in den Augen des Sozialromantikers, dass andere für meinen Lebensunterhalt sorgen und sich mein Lamentieren darüber auch noch anhören müssen.

Vgl. > Der Betriebsrat, Der Nimmersatte

Der Spaßvogel

Hat viele Gesichter: Scherzkeks, Narr, Faxenmacher, Lackaffe, Witzbold, Possenreißer, Hanswurst. Kurz: Dilbert ist kein Comic, Dilbert ist überall.

Der Stinkstiefel

Wirkt noch Stunden nachher.

Der Strolch

Vgl. > Das Scheusal

Der Sture

Vgl. > Der Esel, Der Rechthaber

Der Sudoku-Manager

Der Mann hat Zeit. Und er hat Herkunft. Er stammt aus der BRD (Bananenrepublik Deutschland) und ist der Ablocher der teutonischen Servicewüste. Als Taxifahrer, als Kellner oder als Callcenter-Mitarbeiter getarnt, verrichtet er seinen »Dienst«. Zuerst mal den Frühstückstee konfigurieren, dann alle Kreuzworträtsel lösen und erst dann die Sudokus durchrechnen. Wenn noch etwas Zeit vor Feierabend übrig bleibt, könnten wir die

Akten von links nach rechts schieben. Der Mann ist so langsam, man lebt länger neben ihm. Als Mitarbeiter der Verwaltung ist er froh über seinen Boss, der mit dem Spruch »Berlin – arm aber sexy« die Generalabsolution für das Nichtstun erteilt hat. Konsequenterweise muss deshalb im Winter kein Schnee mehr geräumt werden (unklar bleibt, was zuerst war: kein Streusalz oder kein Geld fürs Streusalz?), der Aufzug am Verkehrsknotenpunkt wird statt repariert mit einem handgeschriebenen Schild versehen »Defekt – Reparatur folgt« (das Schild hat schon einige Monate auf dem Buckel). Lauter weiße Neger, eben von der mentalen Dattelpalme runtergeklettert, sich noch etwas schwertuend mit den Bedürfnissen sophistizierter Mitteleuropäer. Waren sie früher stolz auf das eigene Leistungsvermögen (> Wirtschaftswunder) und hatten ein Lächeln für die Spanier, ihre lockere Lebensart und das Manana, sind diese Mananas heute nördlich der Alpen unterwegs, von März bis September in Flipflops und bedruckten T-Shirts. Während die richtigen Spanier freitagnachmittags noch arbeiten, sind die Nordalpenspanier schon auf dem Nachhauseweg und trauern den guten alten Zeiten nach, in denen man noch 35-Stunden-Wochen fordern durfte, ohne gleich der internationalen Lächerlichkeit preisgegeben zu werden.

Das Unvermögen, Dienstleistung zu erbringen (stammt von »dienen« und »leisten«, nur zur Erinnerung), wird verstärkt durch das Betriebsverfassungsgesetz (lass uns zuerst mal die Teppichfarbe diskutieren), durch Ignoranz (Störfaktor Kunde) und Arroganz (eigentlich arbeite ich gar nicht hier, das hält mich von meiner Selbstverwirklichung ab). Das ganze implodiert schließlich in gewerkschaftlichen Forderungen, zum Beispiel durch Piloten, die mitten in der Krise »auf Lohnerhöhungen verzichten« (sic!), im Gegenzug lebenslange Arbeitsplatzgarantien und Mitsprache in der Unternehmensstrategie fordern und mit Streik drohen. Das Wort »Anspruchsgruppe« erhält neue Bedeutungsdimensionen.

Der Teletubbie

Hübsch anzusehen, doch keiner weiß so recht, wofür er da ist.

Der Thilosoph

In intellektueller Schärfe getarnter Meinungsterrorist, der gegen Kümmeltürken wettert und vor lauter Kopftuch das Brett vor der eigenen Stirn nicht mehr sieht.

Der Tiefenentspannte

Vgl. > Die Schlaftablette

Der Trunkenbold

Ist ein schlechter Kopfrechner, denn er misst Hochprozentiges in Promille. Schon frühmorgens silvanert er, was das Pils hält, mittags burgundert er sich von Grau bis Blau, und abends verliert er schnell das gerüttelt Maß, auch wenn es gerührt ist. Aufgedunsen vom abgesackten Single Malt, lallt sich diese Stimmungskanone von Apéro zu Apéritif, schwenkt die Schnapsfahne und kaut am Steuer Menthol.

Der Überlebenskünstler

Vgl. > Das Chamäleon

Die Unanspruchsvolle

»Frau sucht gut aussehenden, treuen, offenen, einfühlsamen, intellektuellen, leidenschaftlichen, verständnisvollen, gesprächsfreudigen, romantischen, tierlieben, charmanten, humorvollen, intelligenten, sexy, zuvorkommenden, toleranten, athletischen, belesenen, vermögenden Mann mit weniger hohen Ansprüchen an seine Partnerin.«[65]

Die Unbefriedigte

Vgl. > Die Joggerin

Die Ungeküsste

Weckt kaum den Eroberer in Ihnen: Meist hat die Dame dunkelrot gefärbte Haare, der Ansatz schon leicht rausgewachsen. Dazu ein eigenes Verständnis von Komplementärfarben. Lindgrün, Orange und Lila gehören dazu, meist in Kombination. Die Schuhe sind handgenäht, eine Mischung aus Till Eulenspiegel, Filzpantoffel und Bequemschuh. Sie trägt zu viele Ringe, wobei der Ringfinger sorgsam frei bleibt (oder mit einem Erbstück beringt ist), um ja nicht falsche Signale in Sachen Paarungsbereitschaft zu senden. Kann irgendwie nicht mit Würde zum biologischen Alter stehen und gibt sich deshalb krampfhaft unaufgeregt, so wie sie es in ihrem sonntäglichen Bodyworker-Seminar zur Entdeckung des Schoßraumes gelernt hat.

Die Vegetarierin

Seit jede mittelgroße Kantine ein fleischloses Menü im Angebot führt, ist der Verzicht auf Fleischkonsum ziemliche Normalität. Eigentlich. Aber ab und zu trifft man auf diese Ausnahmeerscheinungen: Indisches Tuch umhüllt den Körper. Die Zeiten, als man Deo verwendete, liegen Jahre zurück. Selbstgerechter »Ich-rette-die-Welt-Blick«, Bequemschuhe, die ihre besten Zeiten hinter sich haben, das graue Haar offen und seit Längerem nicht mehr nachgefärbt, und – man(n) muss es leider sagen – kunsthandwerklicher Schmuck in Übergröße, um von den Gravitationsgesetzen des alternden Frauenkörpers abzulenken. Ganz im Gegensatz zum männlichen Vegetarier gleichen Alters und gleicher Ausprägung, der die Fleischabstinenz als Waffe verwendet, um schneller ans Fleisch zu kommen. Verkehrte Welt.

Der Vergessliche

Vgl. > Der Alzheimer

Die Wanderdüne

Kommt nur langsam voran, bleibt stoisch und stumm.

Der Warmduscher

O.K., ich gebe es zu: Ich bin ein Warmduscher. Und die meisten, die ich kenne, duschen auch warm, selten kalt.

Der Waschlappen

Vgl. > Das Weichei

Das Weichei

Trägt Muttis Bild in der Börse, findet Musik grundsätzlich zu laut, trinkt Multivitaminsaft zum Frühstück, schaut bei einem üppigen Dekolleté weg, bremst für Tiere, nimmt seinen Gartenzwerg mit in den Urlaub, wenn im Büro niemand die Kaffeemaschine putzt, er tut es, beginnt jeden zweiten Satz mit »Ich denke …«, klatscht nach der Landung im Flugzeug, trägt gebügelte Unterhosen, geht in den Keller, um zu lachen, hört Kuschelrock, unterstützt das Regenwaldprojekt der lokalen Brauerei, betreibt Nordic Walking, deckt abends die Computertastatur ab und mag warme Luft. Hauptsache, wir haben darüber geredet.

Vgl. > Der Frauenversteher

Der Weitergebildete

»Weck mich, wenn das Seminar beginnt.« – »Das läuft schon seit drei Stunden.« – »Dann weck mich, wenn es vorbei ist.«

Der Wendehals

Vgl. > Der Opportunist

Der Windbeutel

Aufgeblasen, nichts drin. Hat ein taktisches Verhältnis zur Wahrheit *(vgl. > Der Lügner)*. Die Organisation »Foodwatch« verleiht »Den goldenen Windbeutel des Jahres« für die dreisteste Werbelüge.

Die servile Windfahne

Vgl. > Der Opportunist, Der Speichellecker

Der Wichser

Ein mentaler Eunuch, stellt mit vielen farbigen Vorstellungen bunten Bildern nach, die er in seiner grauen Realität nicht vorfinden kann. Hat das völlig falsch verstanden, als Mutter mitleidig sagte: »Junge, reiß' dich mal am Riemen.« *Vgl. > Der Libidöse.* Ach ja, noch was: Gemäß einem Urteil des Landesarbeitsgerichtes in Mainz darf man den Boss einen »Wichser« und die Geschäftsführung »Arschlöcher« nennen, ohne die Kündigung zu erhalten[66], wenn man lange genug im Betrieb angestellt ist und die Umstände eine gewisse Erregung rechtfertigen …

Der Witzbold

Vor Jahren wohnte ich an einer zentral gelegenen Straße ohne Parkplätze. Abends hatte ich wenig Lust, lange rumzukurven, um einen Parkplatz zu suchen. Also parkierte ich kurzerhand auf dem Gehsteig zwischen zwei Pappeln. Das ging jahrelang gut, die Bußen hielten sich im Rahmen und waren immer noch billiger als ein gemieteter Parkplatz. Das änderte sich, als der Dienstplan des Polizeimeisters Grantlhuber auf Nachtschicht umgestellt wurde. Erst gab es eine Buße, dann eine zweite und ab dann jede Nacht eine. Es war Winter. Die Bußbescheide wurden jede Nacht sorgfältig in einen Plastikumschlag gesteckt, damit sie am Morgen danach nicht feucht waren.

Nach neun Bußen nacheinander platzte mir der Kragen, ich schrieb einen Brief an die Pressestelle der städtischen Polizei: Ich hätte gehört, dass zur Einführung des neuen, erhöhten Bußgeldtarifs sich die Polizei ein Gewinnspiel ausgedacht habe. Wenn man zehn Plastiketuis einschicke, bekomme man im Tausch eines aus Leder. Wenn ich wünschen könnte, würde ich gerne eines in Schwarz nehmen, passend zur Farbe meiner Seele. Im Übrigen würde ich sie zu dieser innovativen und bürgernahen Promotionsidee beglückwünschen.

Fürs Erste war mir der Frust vom Leib geschrieben. Ich weiß nicht mehr, welcher Teufel mich ritt, aber ich habe dann den Brief abgeschickt. Zwei Tage später kam prompt die Antwort: Man bedanke sich für die Teilnahme am Gewinnspiel, müsse mich aber von der Teilnahme disqualifizieren, da ich nur neun Plastiktüten eingesendet hätte, und nicht zehn. Man möchte mir jedoch trotzdem einen Trostpreis zukommen lassen, wenn auch nicht in der gewünschten Farbe, jedoch in der Hoffnung, dass sich mein Verhalten im ruhenden Verkehr ändern würde. Mit freundlichen Grüßen unterschrieb der Pressesprecher. In der Geschenkpackung war ein rotes Schweizer Armeemesser mit der Gravur der Stadtpolizei Zürich. Wow. Da war ein souveräner Witzbold am Werk.

Vgl. > Der Spaßvogel

Die Zecke

Achtung Zeckenalarm: Die Zecke ist ein weltweit verbreiteter, blutsaugender Parasit. Seine zweifelhafte Berühmtheit fußt auf dem alleinigen Lebenszweck einer Zecke, auf einem Grashalm zu sitzen, um im richtigen Moment auf ein hoffentlich fettes Opfer zu fallen und nicht mehr loszulassen. Mit bekannten Folgen. Diese miesen, kleinen Blutsauger richten unsichtbaren Schaden mit deftigen Spätfolgen an. Nicht nur in der Natur.
Vgl. > Der Erfolgsparasit

Der Zeitdieb

Hier geht alles schnell. »Haben Sie schnell Zeit?« – und schon steckst du in der Falle des Zeitdiebes.

Der Zuspätgekommene

Morgen werde ich mich ändern. Gestern wollte ich es heute schon.[67]

Der Zwerg

Das maximale Minimum, hat bei aller Kleinheit seine eigene Größe, denn auch Zwerge können aus der Masse herausragen.

F

Wie erkenne ich ein Arschloch?
Der große Arschloch-Bestimmungsteil:

Die F-Gattung:
Die Biedermeier und Brandstifter

Die Sprengkraft eines Zündholzes wird unterschätzt wie die Heimat der Biedermeier und Brandstifter. Dieser spießige Südwesten in der Leadershit-Matrix (sehr rational und nicht sonderlich für den Wandel) tarnt sich gerne in Unauffälligkeit, in Pünktlichkeit und in Angepasstheit. In Tat und Wahrheit lediglich angelernte Muster, um als Mega-Arschloch nicht zu früh aufzufallen.

Der Aasgeier

Was am Boden liegt, ist einfache Beute. Das Unappetitliche ist die Welt der Aasgeier. Sie kreisen still und beobachten, was noch halbwegs lebt und schon bald Kadaver sein wird. Ihre Beute ist schwach. Feig pirschen sie sich an die Opfer und hacken die Augen aus. Das gibt's nicht nur in der Tierwelt.

Der hektische Aktionist

Hektischer Aktionismus ist der kranke Bruder von vorauseilendem Gehorsam: Hauptsache Wind, auch wenn er nur Staub aufwirbelt. Den hektischen Aktionisten dieser Welt sei ins Projekthandbuch geschrieben: Quick win = long loose. Aktionismus ist Symptom von Unsicherheit. Wer selbst nicht weiß, wohin die Reise geht, lässt die Hühner gackern.

Der Angsthase

Glaubt man den Umfragen, sind die Deutschen ein Volk von Angsthasen. Mindestens 65 % ängstigen sich vor irgendwas, am meisten vor Jobverlust. Dabei wäre Angst ja was Gutes, es ist ein Frühwarnsystem. Aber heute ist Angst ein Thema, das gut bewirtschaftet sein will, denn mit Panikmache und Ängsten lässt sich ein Volk oder eine Belegschaft gut unter Kontrolle halten. Stellen Sie sich vor, die Mitarbeiter oder die Stimmbürger würden dem Arbeitgeber oder der Regierung zeigen, dass sie keine Angst mehr haben? Einige Geschäftsgrundlagen würden radikal wegfallen.

Der Apparatschik

Hauptsache treuer Soldat, nützlicher Idiot, Erfüllungsgehilfe und Kanonenfutter. Fachliche oder gar menschliche Qualifikation ist nicht gefragt.

Der Armleuchter

Auch Armleuchter sind Lichtgestalten.

Der Authentische

Einer, der nicht ganz so fake daherkommt, wie die anderen. Oder: »Mir ist es egal, für ein Arschloch zu arbeiten, es muss nur ein berechenbares Arschloch sein«, sagte mir mal ein Mitarbeiter eines KMU mit 500 Angestellten, dessen Patron mich alle zwölf Monate anruft, mit der Bitte, seinem Management doch wieder mal die Dachlatte zu geben. Es nützt erfahrungsgemäß wenig, wenn ich ihm entgegne, ich sei nicht im Dachlattengeschäft tätig. Er fällt genau in diese Kategorie »Authentisches Arschloch«: Er ist erfolgreich. Er wird geliebt für seine derbe Sprache. In seiner Derbheit und Direktheit ist und bleibt er berechenbar. Das Schlimmste wäre der Besuch eines Seminars »Feedbackorientierte und wertschätzende Kommunikation«. Alle Mitarbeiter wären verunsichert. »Der war in einer Gehirnwäsche. Wir müssen drei Wochen warten, bis er wieder normal wird.«

Der Bauer

Wie beim Schach, von den Bauern gibt es am meisten, und sie fallen am ehesten. Auf dem Schachbrett der Macht im Duell der Großen werden sie in der Nebenrolle des Adjutanten geopfert, treuer Erfüllungsgehilfe, unsichtbar, abwartend, schweigend. Schauen weg, wenn betrogen, intrigiert, gemobbt wird, halten den Kopf hin, wenn die Stunde geschlagen hat. Als Bauernopfer.

Der Beamte

Noch zu Kaisers Zeiten ein Angestellter des deutschen Staates, der hoheitliche Aufgaben wahrnimmt und niemandem außer dem Gesetz verpflichtet ist. Damit diese hehre Aufgabe wahrgenommen werden kann, ohne gleich Kopf, Kragen und (Familien-)Existenz zu riskieren, wurde der Beamte mit einem Kündigungsschutz ausgestattet. Heute pervertiert dieser Kündigungsschutz zu Besitzstandswahrung und zum Selbstläufer, da einzelne Beamte von anderen nicht mehr wirklich beschreiben können, wofür sie nun angestellt sind.
Vgl. > Der Apparatschik, Der deutsche Michel

Der Betriebsrat

Matrosen, die gerne Löcher unterhalb der Wasserlinie bohren und anschließend dem Kapitän erklären, die Schwerkraft sei schuld, wenn das Schiff auf Grund läuft. Gier ist nicht nur ein Privileg der Führungskaste. Schließlich wollen wir ja nicht ein Stück vom Kuchen, sondern die ganze Bäckerei.
Vgl. > Der Sozialromantiker, Der Teppichhändler

Der Betrüger

Die Firma als Selbstbedienungsladen: Ich lass mal die Diskussion, ob siebenstellige Boni nicht Betrug am Aktionariat sind, beiseite. Auch die eher philosophische Frage, ab wann »asymmetrische Information« den Tatbestand des Betrugs erfüllt. Oder die Geschäftsreisen mit Ehefrau oder Freundin. Oder die Nutzung des Firmenfahrzeugs an Wochenenden. Fakt ist hingegen, dass gemäß einer Studie von PricewaterhouseCoopers (PWC) von 3600 Unternehmen in 50 Ländern satte 45 % Opfer von betrügerischen Handlungen wurden. Der durchschnittliche Schaden betrug über zwei Millionen US-Dollar.[68]

Der Biedermann

Vgl. > Der Brandstifter

Der Bigotte

Ein unreflektierter Eiferer, ursprünglich im Religiösen für übertrieben frömmelndes und besonders intolerantes Verhalten gegenüber dem anderen. Bigott ist, wer besonders ängstlich und übertrieben im Sinne der Obrigkeit handelt oder der doppelbödigen Moral frönt. Der in deutschen Landen so verbreitete vorauseilende Gehorsam ist eine Form von Bigotterie, starke, hierarchische Systeme setzen unkritische Bigotterie voraus. Wendehälse und servile Windfahnen heucheln sich durch mit lavierender Scheinheiligkeit.

Vgl. > Der Pharisäer

Der Bildungsbürger

Bemüht verklemmt den »Götz von Berlichingen«, um nur ja das A-Wort nicht in den Mund nehmen zu müssen.

Vgl. > Die Deutungselite

Der Bombenentschärfer

Ein Mann, der ruhig bleibt. Im Auge des Taifuns ist es windstill.

Der Bonsai-Manager

Vgl. > Der Kleinmacher

Der Brandstifter

Der Brandstifter der Teppichetage ist ein Biedermann im Sinne von Max Frisch: eine selbst ernannte Elite, die im Verborgenen agitiert und agiert. Dieser Agitator lanciert den Flächenbrand mit einer gezielten, medialen Provokation (z. B. »spätrömische Dekadenz«). Mit zunehmendem Gegenwind stilisiert sich der Brandstifter zum Opfer um, frei nach dem Motto »Das wird man wohl noch sagen dürfen« bzw. »So denkt die Volksseele am Stammtisch« (der ich freilich noch nie leibhaftig begegnet bin …), die nur das ausspricht, »was das gesunde Volksempfinden unter vorgehaltener Hand« vermutet. Dreister Etikettenschwindel ist die Strategie des Brandstifters.

Der Bürokrat

Bürokraten sind die Militaristen des Papierkriegs[69] und des Formalismus. Sie werden auch genannt: Federfuchser, Wortklauber, Buchstabenmenschen, Aktenkrämer, Schulmeister, Kleingeist, Kümmelspalter, Rechthaber, Besserwisser, Pedanten, Krämerseelen oder Sesselfurzer, alles schmeichelhafte Komplimente, die ein bürokratisches Arschloch die Achseln zucken und zur Mobbing-Gegenkampagne starten lässt.

Der Claqueur

Enthusiastische Zustimmung kann man kaufen. Der Claqueur ist bezahlt dafür, dass an der rechten Stelle Applaus geliefert wird. Steigerungsform ist der > *Cheerleader.*

Der Cover-your-ass

Sicherungsseil sitzt fest, das Fallnetz ist gespannt, die Vollkasko-Versicherungssumme angepasst, und jede E-Mail geht mindestens an fünf CC-Verteiler. Und an zehn BCC. Ende des Jahres werden alle Mails auf eine persönliche CD gebrannt.

Der Denunziant

Da sind die selbst ernannten Hilfspolizisten, die dafür sorgen, dass kein Wagen falsch parkiert wird, oder der Hilfssheriff, der penibel nachmisst, ob die Gartenstühle eines Biergartens auf dem Gehsteig auch die notwenigen Abstände einhalten. Auch braune Zunge oder Missgunstexperte genannt. Aus purem Neid, aus Langeweile und Kurzgedachtem wird verpfiffen, getratscht, angeschwärzt und der Ruf ruiniert. Die Stasi lässt schöne Grüsse ausrichten.

Der Drahtzieher

Zieht die Strippen im Hintergrund und macht anderer Leute Hände schmutzig.

Der Duckmäuser

Ein Mensch mit Angst, das Ansehen anderer zu verlieren, das er nicht hat. Auch Kriecher, Leisetreter, Schleimer, Feigling, Hasenfuß und Krummbuckel genannt.

»Ein Leisetreter, ein Schleicher, also einer, der dem Mächtigern gegenüber Demut heuchelt«, definierte bereits 1906 Meyers Großes Konversations-Lexikon.[70]

Vgl. > Der Speichellecker

Der Dünnbrettbohrer

Fünf Kriterien, an denen Sie einen Dünnbrettbohrer erkennen:[71]

1. Er agiert beschwingt und agil, jedoch es fehlt an Schwung- und Stoßkraft.
2. Ein wendiger und findiger, dabei restlos unproblematischer Verstand.
3. Eine heitere, in ihrer Unbeschwertheit gewinnende Grundstimmung.
4. Ein lockeres, unernstes Geltungsbedürfnis.
5. Ist Meister des Aufbruchs, Erfinder des Kick-off-Meetings und Fürsprecher von Quick-Win.

Der Eiferer

»Wenn ich schon nicht überzeugen kann, dann stifte ich wenigstens Verwirrung.«

Der Einerseits-anderseits

Mit glatt geschliffenen Sätzen geht er der Wahrhaftigkeit und Klarheit aus dem Weg, will niemandem wehtun, ist verbaler Weichspüler und meinungsfreier Sprachakrobat. Sprache ist ein gigantisches Täuschungsmanöver in Endlossätzen.

Der Erfüllungsgehilfe

Vgl. > Der Bauer

Der Filibuster

Endlosredner nach dem Motto: Es ist schon alles gesagt, aber nicht von allen. Ursprünglich im US-Senat eine Redetaktik einer Minderheit, um durch Dauerreden eine Beschlussfassung der Mehrheit zu verhindern.

Der Fingerpointer

Wer mit dem Finger auf andere zeigt, zeigt mit mindestens drei Fingern auf sich selber. Oder anders gesagt: Was Peter über Paul sagt, sagt mehr über Peter als über Paul.

Die Frauenbeauftragte

Sorgt dafür, dass die Frauen den Männern in den Teppichetagen das Wasser reichen können. Und dabei soll es auch bleiben.

Der Frauenversteher

Sie durchschauen die Schwindeleien und Betrügereien einer Frau sofort? Das qualifiziert Sie als Frauenversteher. Die beste Voraussetzung, Frauen wirklich zu verstehen und eine glückliche Beziehung mit ihr zu führen. Kann gut sein, dass Sie Ihr Brusthaar abrasieren, weil Sie gerade in einer Frauenpostille gelesen haben, dass das nun in sei, dass Sie im Sitzen pinkeln, weil Sie noch formbar sind für Nacherziehungsversuche Ihrer Lebensabschnittspartnerin. Sie trinken als Absacker Baileys statt Bier, waschen sich die Hände nach dem Betanken. Sie mögen Frauenfußball, föhnen Ihre Glatze, benutzen Gleitcreme beim Akt, verwenden Feuchttücher, raspeln Hornhaut, weinen im Kino, benutzen die Klobürste, sie mögen kuscheln, reden gerne lange und intensiv auch über Themen, die Ihnen nichts bedeuten, gießen Kunstblumen, besetzen im Urlaub morgens als Erstes vor dem Frühstück zwei Liegestühle (mindestens), Sie heben die Milchzähne Ihrer Kinder auf, schauen mit der ganzen Familie »Wetten-dass«, schneiden Nasen- und Ohrenhaare, lassen sich die Haare auf dem Rücken wegwachsen, trennen Müll und verzichten auf Beischlaf an Menstruationstagen, bringen das Tablett bei McDonalds zurück, zählen das Rückgeld, sammeln Punkte in Bonusprogrammen, blinken rechts, wenn Sie von der Überholspur zurückschwenken, parken Ihr Auto wenn immer möglich im Schatten, mögen die Sitzheizung an Ihrem Auto, bringen Ihre Socken der Mama zum Stopfen, schließen auch zu Hause die Klotür und machen Komplimente. Willkommen im Club.

Der Fremdschämer

»Mädels alle mal weghören«, prustet der Dicke in die Runde, um dann einen seiner deftigen Blondinenwitze abzusetzen. Das heftige Gelächter ist verstummt, man wendet sich wieder der Agenda zu. Jetzt richtet sich der Fremdschämer an die Runde: »Dieser Witz entspricht nicht den gelebten Core Values der Company, und ich möchte mich dafür entschuldigen.« Ratloses Achselzucken in der Runde. Man freut sich auf den nächsten Witz.

Der Für-alles-Offene

Wer für alles offen ist, ist nicht ganz dicht.

Der Gesichtsvermieter

Ein schlechter Schauspieler, dem die Größe zum Hütchenspieler abhanden gekommen ist, hat ein Gemüt wie ein Schaukelpferd. Oft in der Beraterbranche anzutreffen.

Der Glaubwürdigkeitsdarsteller

Meist in der Politik anzutreffen, unterwegs auf der Achse des Guten: Trotz abgeschriebener Doktorarbeit gibt man den Messias und poliert den Heiligenschein (> »*Yes we can*«). Der Wunsch nach glaubwürdigeren Politikern spült immer nur geschicktere Glaubwürdigkeitsdarsteller vor die Linsen der Kameras.

Der Gollum

Einer, der mit aller Kraft an die Macht wollte, den diese Macht jedoch schnell korrumpiert und verändert. Er wird misstrauisch, heimtückisch und intrigant. Mit der Zeit gibt er nur noch Brabbel- und Gluckslaute von sich. Ein Zeitgenosse, den man gerne verwünscht.

Der Greenwasher

Das Placebo unter den Managern. Es ist in, grün zu sein. Das gilt auch für Unternehmen. Also legt man sich ein grünes Mäntelchen um, beauftragt die PR-Abteilung mit ein paar vollmundig, toll tönenden grünen Parolen, kauft sich von ökologischer Verantwortung frei (CO_2-Zertifikate), ist gegen Kinderarbeit, weigert sich jedoch zu publizieren, wie man diese Behauptung überprüfbar macht.

Vgl. > Der Hochstapler, Der Kulissenschieber

Der »Hart-in-der-Sache-menschlich-und-fair-im-Umgang«

Bitte nutzen Sie Ihr kritisches Urteilsvermögen über folgende Interview-Passage, das ein Geschäftsleitungsmitglied eines Kulturvermittlungsinstitutes in einem institutseigenen Newsletter über sich verbreiten ließ (das Ganze war in Form eines Interviews):[72]

»Frage: Wie würden Sie Ihren Führungsstil beschreiben?

Antwort: Heute würde ich meinen Führungsstil so beschreiben: hart in der Sache – menschlich und fair im Umgang. Aus Gesprächen mit meinen Mitarbeitenden weiß ich, dass meine Dynamik viele inspiriert, aber auch gewöhnungsbedürftig sein kann.« Ende Zitat. Welch Euphemismus für ein vermutlich zumindest temporäres Arschloch.

Der Helfer

Es gab eine lange Zeit in meinem Leben, da war ich mit Lustgewinn als diplomiertes Arschloch unterwegs. Das zeigte sich zum Beispiel, wenn ich unzufrieden war mit meinem Steuerbescheid. Und das war ich, wenn ich's richtig bedenke, fast immer. Statt meinen Treuhänder freundlich einen Brief schreiben zu lassen, ging ich direkt im Steueramt vorbei, strich mir die gelierte Haarsträhne aus dem Gesicht und bat alle laut und deutlich, aufzustehen, mir Danke zu sagen für das viele Geld, das ich ihnen bezahle, sich wieder hinzusetzen und mir gefälligst zuzuhören. Heute ist mir klar, warum ich damals so wenig erreichte. Die Erleuchtung kam durch einen Freund. Bei Beamten müsse man das Helfersyndrom nutzen. Jahre später – in einer anderen Stadt lebend – hatte ich wieder einen Steuerbescheid, über den ich reden wollte. Man gab mir einen Termin. Ich rasierte mich drei Tage nicht, aß zwei Knoblauchzehen, schmierte mir schwarze Schuhcreme unter die Fingernägel, zog abgetragene Freizeitkleidung – von Anbietern, die es nicht mehr gab – an, vergaß, mich zu kämmen, und packte alle Steuerbelege in eine alte Schuhschachtel. Ich setzte mich etwas unsicher an den Tisch und fragte, ohne den Zahnstocher aus dem Mund zu nehmen: Könnten Sie mir helfen? Nach einer Dreiviertelstunde fragten mich die beiden Gegenüber: Wie viel möchten Sie denn bezahlen?

Der Herrenmensch

Ist einer – war aber nie dabei.

Der Heuchler

Vgl. > Der Schleimer

Die Hexe

Vgl. > Die Stutenbeißerin

Der Hilfssheriff

Der Typ hätte es früher nicht mal zum Hilfsbademeister gebracht. Heute macht er Karriere im Security-Bereich. Sorgt dafür, dass Sie an der Pförtnerloge ellenlange Formulare mit drei Durchschlägen ausfüllen müssen, dass Sie dann mindesten 15 Minuten warten müssen, bis die Verlosung im Sekretariatspool festgelegt hat, wer zuständig sei, um sie abzuholen (und wieder zurückzubringen). Im Aufzug haben Sie dafür die Möglichkeit, sich Gedanken über die Parfumindustrie zu machen. Der Hilfssheriff hat als fixen Karriereschritt ein Rhetorikseminar besucht (das übrigens auch Mitarbeiter vom Ordnungsamt, Polizisten und Krankenschwestern besuchen). Dort lernen Sie den Pluralis Majestatis, also die Erhabenheit, nicht in Ich- oder Du-Form zu sprechen, sondern in Wir-Form: Haben wir denn das Parkverbot nicht gesehen (der Polizist)? Ich schon, aber für Sie kann ich nicht sprechen. Oder: Sind wir denn schon auf dem Klo gewesen (die Krankenschwester)? Haben wir noch Flüssigkeiten in der Tasche (beim Sicherheitscheck im Flughafen)? Sie können mir gerne auch »Vollidiot« direkt ins Gesicht sagen, das macht die Sache einfacher, Herr Obersicherheitsbeauftragter.
Vgl. > Der Hammwanich

Der Hirte

Hält geduldig die Schäfchen anderer zusammen, um deren Glück und Besitz zu mehren.

Der Höfling

Vgl. > Der Speichellecker

Die Hyäne

Vgl. > Der Aasgeier

Der Ichzählbisdrei

Mögen Sie sich erinnern? Die ultimative Erziehungsmaßnahme ist die Drohung: »Ich zähl bis drei. Eins – zwei – … jetzt aber sofort!« Ist Ihnen schon aufgefallen, dass nie jemand wirklich bis drei zählt? Als Kind war ich enttäuscht, weil ich nie erfuhr, was denn passieren würde, wenn mein Vater wirklich bis drei zählt.

Der Intrigant

Talentfrei Karriere machen: als Mephisto des Machtspiels. Er lügt, stichelt, hetzt und wiegelt auf. Perfid, trickreich, verschlagen und diabolisch. »Ein Intrigant ist ein Mensch, der keineswegs alle Gerüchte glaubt, aber alle weitererzählt« (Jacques Baumel französischer Politiker, 1918–2006).

Der Jäger

Kennen Sie den kürzesten Witz? »Trafen sich zwei Jäger – beide tot.«

Der Ja-und-amen

Vgl. > Der Wendehals, Der Opportunist

Der aalglatte Karrierist

Das ist ein ganz netter Zeitgenosse: gute Manieren, verbindlicher Händedruck, immer nur das Beste für das Gegenüber im Blick (Win-win), und ein Lächeln gehört in jedem Falle dazu. In Tat und Wahrheit ein Schleimer, ein Hinterrücksler, einer, der über Leichen geht. Sein gepflegtes Äußeres ist Tarnung, seine Manieren sind Selbstschutz, damit seine wahren Qualitäten möglichst lange verborgen bleiben.

Vgl. > Der Nachtreter

Der Käsefresser

Wenn mittlere deutsche Führungskräfte über »die Käsefresser in der Zentrale« schimpfen, wird dies Ausdruck der vorurteilsfreien und reibungslosen Zusammenarbeit der deutschen Niederlassung mit dem französischen Headquarter sein. Oh là là.

Der Kleinmacher

Die menschliche Häckselmaschine. Hart, aber ungerecht.
Vgl. > Der Intrigant, Der Nachtreter

Der Korinthenkacker

Man sagt, dass Korinthenkacker so kleinlich sind, dass sogar das, was bei ihnen aus dem Hintern kommt, ganz klein ist. Mir gefällt rein klangtechnisch die italienische Version: Der Cacasotto.
Vgl. > Der Erbsenzähler

Der Kostenoptimierer

»Aus diesem Betrieb ist mehr rauszuholen«, sagte schon Genosse Ulbricht zu DDR-Zeiten. Was die Leute dann allzu wörtlich nahmen, sich im volkseigenen Betrieb bedienten und das, was zu Hause fehlte, mitnahmen. Heute kopieren kostenoptimerte, jedoch frustrierte Bankmitarbeiter Kundendaten, um sie dem deutschen Fiskus anzudienen.

Der Krisenmanager

Egal, wie gut oder schlecht ein Krisenmanager auf der fachlichen Lösungsebene ist, durchgängiges Defizit bleibt die Kommunikation. Diese erfolgt in sieben Schritten:

1. Abstreiten: »Was kratzt uns ein Elch« (O-Ton Mercedes A-Klasse).
2. Vertuschen: Was nicht sein kann, darf nicht sein. Der Blinde Fleck wird vergrößert, Tatsachen werden vertuscht.

3. Angreifer oder Medien beschimpfen: Der Überbringen unangenehmer Nachrichten wird beschimpft. Gezielte Retourkutschen durch Verunglimpfung, Verleumdung oder gezielte Indiskretion.
4. Inhalte vermischen: Wenn's nicht anders geht. Motto: Ich nicht, du auch.
5. Entpolitisieren und neutralisieren: nach dem Motto »Niemand fragt, Politiker antworten« oder, wenn's nicht anders geht:
6. Zugeben: Asche aufs Haupt streuen.
7. Köpfe rollen lassen: Beweisen, dass Handlungsprimat zurückgewonnen ist, und rückhaltlose Aufklärung versprechen und zurück zur Normalität.

Vgl. > Der Wahrnehmungsmanager

Der Kronprinz

Vgl. > Die Nummer zwei

Der Lakai

Vgl. > Der Speichellecker

Der Liebediener

Vgl. > Der Lakai

Der Lobbyist

Vgl. > Der Drahtzieher

Der Lügner

Hat ein »taktisches Verhältnis zur Wahrheit«, es wird der »Wahrheit ein schönes Kleidchen angezogen« (Udo Lindenberg), oder geht mit der Wahrheit »haushälterisch um« (bzw. im Umkehrschluss: »die Unwahrheit sorgfältig dosieren«). Der Einfachheit

halber erfolgt seine Ausweichrhetorik in einer Dreiteilung der Wahrheit: 1. Die innere Wahrheit, 2. Die interne Wahrheit und 3. Die äußere Wahrheit (für Analysten, Medien und das veröffentlichte Bild). Ehrlich gesagt, ich glaube auch nicht mehr alles, seit ich selber lüge. »Nein, gelogen wird hier nicht, wir betreiben höchstens ›asymmetrische Information‹. Im Übrigen gilt das gebrochene Wort.
Vgl. > Der Münchhausen

Der informelle Meinungsführer
Vgl. > Der Drahtzieher

Der Moskito
Sicher kennen Sie die Metapher vom kleinen Moskito, der ein ganzes Schlafzimmer »beherrschen« kann. Kleine Ursache, große Wirkung. Genau wie wenn Ihr vierjähriger Sohn morgens um drei Uhr zu Ihnen ins Bett schlüpft mit der Aussage: »Ich kann nicht schlafen.« Er dreht sich hin und her, jedenfalls so lange, bis Sie selber hellwach sind. Nach 15 Minuten schläft er – und sie warten hellwach den Sonnenaufgang ab. Das ist Liebe.

Der Münchhausen
Die einen lügen, weil sie davon ausgehen, dass Ihnen keiner glaubt. Die anderen lügen für »die gute Sache«. Nicht nur Politiker oder Manager. Nein, auch Medienschaffende, denn aus dieser Branche stammt der Satz »Lügen wie gedruckt«.

Der Nachtreter
Wenn einer am Boden liegt, weiß man nie, ob er sich noch aufzurappeln vermag. Deshalb muss nachgetreten werden. Der finale Rettungstritt ist seine Art, Widerstand aus dem Weg zu räumen.

Das Nashorn

Kommt langsam auf Tempo, wenn aber die gewaltige Masse in Schwung ist, entfaltet das Nashorn irrsinnige Wucht und ist kaum zu bremsen.

Die Nebelgranate

Redet, ohne dass ein Gespräch stattfindet, nach dem Motto: »Niemand fragt, Politiker antworten.« Ein schönes Beispiel:[73]
»Ein führender Landespolitiker gibt nach einer für seine Partei ungünstig verlaufenden Landtagswahl ein Fernsehinterview:
Reporter: ›Könnte das eine Führungsdiskussion auslösen?‹
Politiker: ›Wie bitte?‹
Reporter: ›Führungsdiskussion!‹
Politiker: ›Was verstehen Sie darunter?‹
Reporter: ›Einen Wechsel in der Führung.‹
Politiker: ›Ist ein Führungsmitglied an Sie herangetreten?‹
Reporter: ›Nein!‹
Politiker: ›Na, sehen Sie!‹
Die Nebelgranate wirkt höflich und gesprächsbereit, doch die Fragen des Reporters bleiben unbeantwortet.«
Vgl. > Der Wolkenschieber

Der Opportunist

Opportunismus ist die Kunst, mit dem Winde zu segeln, den andere machen.[74] Der Opportunist, die servile Windfahne, der Wendehals, der »Jenachdemdenker«[75] passt sich zweckmäßig an die jeweilige Situation an, kann gut abwägen und biegt seine eigenen Grundsätze (so er welche hat) mit dem Ziel, sich durchzuwursteln, durchzumäandern, ohne vor List, Tücke und Täuschung zurückzuschrecken. Als Politiker ist es hilfreich, zu wissen, dass das kollektive Gedächtnis schnell vergisst.
Vgl. > Der Bauer, Die Windfahne

Der Parvenü

Einer, der sich erfolgreich emporgewullft hat.

Vgl. > Der Neureiche

Der Pflichterfüller

Totalitäre Systeme und Diktaturen werden nicht primär qua Zwang und Unterdrückung ermöglicht, sondern durch die unzähligen Pflichterfüller und Windfahnen. Auch Wendehals genannt.

Vgl. > Der Opportunist

Der Pharisäer

Hat einzig den eigenen Vorteil im Sinn, es kann ergo nicht allzu viel Unmoralisches am Pharisäertum sein, vergleicht man die Zustände im real existierenden Kapitalismus. Pharisäer sind nach landläufiger Meinung so etwas wie der Abschaum der Heuchelei und der Hartherzigkeit, die vor zweitausend Jahren die normalen Gläubigen tyrannisierten und ausbeuteten und schließlich auch den guten und arglosen Wanderprediger Jesus von Nazareth ans Kreuz genagelt haben. So zumindest die christliche Sichtweise. Die Freud'sche Sichtweise scheint mir genauso interessant: Wer in anderen einen Heuchler sieht, ist selber einer, wer in anderen die Unmoral sieht, sieht in den anderen seinen eigenen Schatten.

Vgl. > Der Fingerpointer

Der Phrasendrescher

Vgl. > Der Dampfplauderer, Der Filibuster, Die Nebelgranate, Der Wolkenschieber

Der Politiker

Berlusconi, Mugabe, der Herrscher von Burma, die Despoten östlich von Asarbeidschan und die Schergen in Nodkorea haben eine Gemeinsamkeit: Sie sind Teil des globalen Gruselkabinetts der Politiker, gekaufte Taugenichtse, die es in einem richtigen Beruf nicht zum Prokuristen geschafft hätten. Sie produzieren warme Luft und Darmgase, heizen die Atmosphäre auf. Ist das der Grund, dass sie meist Sonnenbrillen tragen? »Ich lese den Sportteil der Zeitung immer zuerst, denn er verzeichnet menschliche Leistungen. Auf den ersten Seiten stehen nur die Fehlleistungen« (Earl Warren, Gouverneur von Kalifornien, Oberster Bundesrichter, USA, 1891–1974).

Der Polizist

Vgl. > Der Bulle

Der Sadist

Achtung Helfersyndrom und weißer Kittel: oft als Zahnarzt getarnt.

Die Salmonelle

Im schönsten Genuß schlagen sie unbemerkt zu. Und wenn man merkt, dass man von einer Salmonelle befallen ist, ist es zu spät. Der Hinterrücksler par excellence.

Der Sarkastische

Findet das alles schon lange unlustig. Umgeben von lauter Verrückten, ist er hochgradig veränderungssatt. In diesem Überdruss der Beschleunigung ist Stillstand beruhigend, alles andere wird mit Hohn und Spott mies gemacht.

Der Säulenheilige

Selbst ernannte Instanz für und gegen alles, geprägt von bürgerlicher Arroganz, getrieben von linker Ignoranz.

Vgl. > Der Gutmensch

Die Schabracke

Eine Schabracke ist ursprünglich eine Decke für Pferderücken als Sattelunterlage. In Mittel- und Ostdeutschland umgangsprachliche Bezeichnung einer ungepflegten, unansehlichen Frau (»olle Schabracke«). Was der Volksmund damit meint: Die Dame wäre mit besagter Decke wohl besser verhüllt geblieben.

Vgl. > Die Ungeküsste

Die Schlampe

Vgl. > Die Schlange

Der Schlappschwanz

Ein Blindgänger und Weichei, in Zeiten von Viagra und anderen Chemokeulen nicht mehr leicht auszumachen.

Der Schleimer

Was Schnecken als Absonderung für die Fortbewegung brauchen, verwenden Schleimer, um bestimmte Ziele zu erreichen. Wer sich nicht hochschlafen kann, muss sich halt hochschleimen. Was ist der Super-GAU des Suck-up? Er schleimt sich hinten rein. Und es sind schon fünf andere da.

Der Schmeichler

Vgl. > Der Speichellecker

Der Schönredner

Vgl. > Der Beschöniger, Der Euphemist

Das Schwein

»Es ist so schön, ein Schwein zu sein«, sang der österreichische Sänger Georg Danzer, und weiter: »Hey du! Bist du ein Schwein? Dann komm doch rein und sei gemein. Meine Damen, meine Herren! Ich bin ein Schwein und ich bin es gern, denn Schweine gibt es überall, nicht nur in einem Schweinestall, man trifft sie auf der ganzen Welt, mal sind sie arm, mal haben sie Geld, mal sind sie herzlich, mal gemein, es ist so schön, ein Schwein zu sein. Es ist so schön, ein Schwein zu sein.« Auch wenn es Schweine überall gibt, am besten munden sie auf dem Teller, denn »des Genießers Lebenszweck ist Borstenvieh und Schweinespeck«, sang schon Johann Strauß' Zigeunerbaron.

Das politisch korrekte Schwein

Wussten Sie, dass einzelne dänische Finanzinstitute im Nachgang zum Streit um die Mohammed-Karikaturen das Sparschwein abschafften? Jawoll. Aus Angst, die islamische Klientel zu verärgern.

Die Schweinebacke

Vgl. > Die Arschgeige

Die Sekretärin

An der Spitze ist es einsam. Aber es gibt eine Berufsgruppe, die stand diesen einsamen Männern schon immer etwas näher als andere. Einige davon schafften aus dieser Einsamkeit eine produktive Zweisamkeit weit außerhalb der Job-Description. Sie gehören heute zu Deutschlands reichsten und angesehensten Frauen: Johanna Quandt, Liz Mohn, Friede Springer oder Ursula Piëch – um nur einige zu nennen – wissen, warum. Denn die Bezeichnung »Sekretärin« stammt aus dem Französischen (le secret – das Geheimnis).

Der Skeptiker

Getarnte Entscheidungsfaulheit.

Der Sohnemann

Es gibt auch Ausnahmen, aber die Regel besagt, die erste Generation einer Familienunternehmung baut auf, die zweite konsolidiert, und die dritte lässt liquidieren.

Der Söldner

Eine Söldnertruppe tut's fürs Geld. Jede auch nur geringste Tätigkeit bedarf einer spezifischen Belohnung. Womit die Sache zum Selbstläufer wird.

Der Sonderfall

Die zur Regel gewordene Ausnahme.
Vgl. > Der Helvetier

Der Sowohl-als-auch

Vgl. > Der Einerseits-anderseits

Die Spaßbremse

Vgl. > Der Bedenkenträger

Der Speichellecker

»Wenn jemand dir die Stiefelsohlen leckt, setze den Fuß auf ihn, bevor er anfängt, dich zu beißen« (Paul Ambroise Valéry, Dichter, Frankreich, 1871–1945). In der Teppichetage geschätzt als der gemeine Lakai, auch servile Windfahne, Liebediener oder Höfling genannt. Wesensverwandte des Speichelleckers sind Krummbuckel, Lobhudler, Scheinfromme, Schmeichler, Memmen, Leisetreter, Biedermänner, Hasenherzen oder Schmeichelkätzchen. Ein Kriecher verhält sich nach oben besonders devot. Das Vorhandensein von Speichelleckern sagt mehr über die Bosse als über die Mitarbeitenden, denn »Wo einer große Töne spuckt, sind immer Speichellecker zu finden« André Brie,

deutscher Politiker (Die Linke), in der ehemaligen DDR Mitglied der Sozialistischen Einheitspartei Deutschlands und unter dem Decknamen »Peter Scholz« informeller Stasi-Mitarbeiter (der muss es ja wissen), erhielt für seine Spitzeltätigkeit die Verdienstmedaille der Nationalen Volksarmee NVA in Bronze, *1950).
Vgl. auch > Der Schleimer

Der Stasi
Teil einer okkulten Parallelorganisation, wirkt im Verborgenen, das Klandestine ist sein Ding, die Wirkung fatal. Was im SED-Spitzelstaat in deutscher Perfektion auf die Spitze getrieben wurde, ist letztlich das Resultat übersteigerter Kontrollbedürfnisse und fehlenden Vertrauens, unabhängig von der politischen Couleur eines Systems. Jede Kontrolletti-Organisation hat einen Hang ins Klandestine, von Adolf bis zu Honecker, aber auch die mittlerweile Orwell'schen Dimensionen von Überwachungskameras, die Möglichkeiten digitaler Hausdurchsuchungen, die Speicherung von Telefondaten oder der Zugriff auf Bankkonten. Wie immer beim Fundamentalismus im Dienste einer noch größeren Bedrohung, der Bedrohung durch den kapitalistischen Klassenfeind, durch den Terrorismus, das Judentum, die Muslime oder den Fremden an und für sich. IMs (Informelle Mitarbeiter) sind die dotted lines einer Organisation. Was bei den Stasis ein Spitzel war, ist in der klandestinen Organisation einer Unternehmung heute eine Seilschaft. Möchten Sie auch heute noch mal so richtig das Stasi-Feeling totaler Überwachung »genießen«? Schlendern Sie etwas allzu beschwingt durch ein Berliner Kunstmuseum, es wird keine zehn Sekunden dauern, tritt ein Schatten hinter einer Säule hervor und wird Sie mit einem Gesicht, das auf schlechte Verdauung hinweist, ermahnen, doch etwas gemacher zu schlendern.

Der Tiefstapler

Da der Alltag nicht ganz trivial ist, und die Herausforderungen nicht ganz unanspruchsvoll, ist der verbale Tiefstapler nicht zu unterschätzen.

Der Tinnitus

Vgl. > Der Bedenkenträger

Der Unberechenbare

Vgl. > Der Rosstäuscher

Der Undercoveragent

Vgl. > Der Guerillakämpfer

Der Verfechter

Typisches Merkmal: Beginnt seine Sätze mit »Wie gesagt…«.

Der Vernetzte

Das Zauberwort der Neuzeit: Networking. Man füllt sich heutzutage an Empfängen nicht mehr gepflegt die Lampe, sondern man wird zum Networking-Apéro geladen. Netzwerkpflege hieß früher Eine-Hand-wäscht-die-andere oder Seilschaft oder Filz oder etwas akademischer ausgedrückt Beziehungskorruption.

Der Wackeldackel

Das beständige Nicken mit dem Kopf steigert das Selbstwertgefühl des Umfeldes. Wird gerne als Zustimmung interpretiert. Dies macht jedoch blind für die Unterscheidung, ob es nun schadenfrohes Nicken ist oder es sich gar um einen Wadenbeißer handelt.

Vgl. > Der Opportunist

Der Wadenbeißer

Vgl. > Die Zecke

Der Wahrnehmungsmanager

Der Meister im Eindrucksmanagement, im Manipulieren der Bosse und Mitarbeitergärtchen, im Lieb-Kind-Machen bei den Schlüsselpersonen. What-you-see-is-not-what-you-get, Schwindeln und Täuschen gehören zum Business, sind – je nach Branche – sogar »notwendiger Bestandteil der sozialen Interaktion. Es gibt Bereiche, z. B. Pokerspieler, Politiker und in der Werbung, wo man ohne Eindrucksmanagement gar nichts werden kann.«[76]

Der Weichspüler

Vgl. > Der Euphemist

Der Weltverbesserer

Der Limonadenproduzent will mit der Zuckerbrause die Welt verbessern. Die Bank will mit Ihrem Nachhaltigkeitsreport die Welt verbessern. Der Energieproduzent will mit seiner Dreckschleuder von Kohlekraftwerken aus der Welt einen besseren Platz zum Leben machen. Die Corporate Citizens dieser Welt sind grimmig entschlossen, die Welt zu verbessern, die sie mit ihren Produkten nicht lebenswerter machen. »Sind heute Unternehmen und Führungsverantwortliche einem hoffnungslosen Idealismus verfallen, der ohne Rücksicht auf die Realität eine ideale Welt bauen will? Kommunisten, Anarchisten, Liberalisten, sind die Heilslehren und Ideologien der letzten beiden Jahrhunderte wieder in Mode gekommen? Müssen wir befürchten, dass die Weltverbesserer wieder anfangen, sich gegenseitig zu bekämpfen und gar neue Weltkriege anzetteln? Vielleicht ist aber auch Skepsis angebracht, wenn die ›Verbesserung der

Welt‹ sich zum grünwaschenden Marketingargument verwandelt hat. Der Wolf als kapitalistisches Unternehmen bleibt ein Wolf, auch im Schafspelz oder nach dem Verzehr von Kreide.«[77]

Die Witwe

Vgl. > Die Sekretärin

Der einsame Wolf

Jagen, zubeißen, Kadaver wegräumen, das ist sein Geschäft. Kadaver teilt sich der Wolf mit Kollega Aasgeier.

Der Xenophob

»Nein, ich bin sonst nicht so, aber wo Tatsachen sind, müssen sie mal ausgesprochen werden.« Dieser einleitende Entschuldigungssatz baut die Brücke zum Türken-Überschuss, dient als intellektueller Deckmantel für Tiraden über Roma, Neger, Hottentotten, Bettler und anderes Gesindel, das gerade von der Dattelpalme runter in die deutschen Amtstuben des Umverteilungswohlfahrtsstaates gekrochen ist. »Spätromische Dekadenz« klingt ja auch vornehmer als der gelbe Stern vor über 70 Jahren.

Vgl. > Der Thilosoph

Der Zauderer

Fragen Sie die Frösche, ob Sie den Sumpf trockenlegen sollten? Wohl kaum. Ich behaupte mal, dass mehr Geld vernichtet wird mit Nicht-Entscheiden als mit falschen Entscheiden. Da meint der Zauderer: Das muss mit dem Konzern noch abgestimmt werden. Ist in dieser Sache die XY-Abteilung begrüßt worden? Das muss zuerst noch im Lenkungsausschuss abgestimmt werden. Wir sollten zuerst eine Kundenbefragung durchführen. Dies alles sind stystembedingte (also lösbare) Hürden. Zauderer zeichnen sich jedoch auch durch eine Persönlichkeitsstruktur aus, die dem Mut, der Kreativität und dem Spielerischen die Kontrolle vorziehen.

Der Zweifler

Vgl. > Der Skeptiker

Der Zwilling

Vgl. > Der Klon

G

Wie erkenne ich ein Arschloch?
Der große Arschloch-Bestimmungsteil:

Die Gattung G:
Die Fundis und Ayatollahs

Treffen sich ein Franzose, ein Italiener und ein Deutscher in der Hölle. Fragt der eine den anderen, warum er denn hier sei, sagt der Franzose: »Nun, ich verführte die Frau meines Bosses und sie hat mir so schön einen geblasen, dass ich eine Herzattacke nicht überlebte.« Meint der Italiener: »Ich ging mit der Frau meines besten Freundes ins Bett, da hat er mich erwischt und daraufhin in seinem Bett erschossen.« Darauf schauen alle den Deutschen an, der kühl meint: »Ich hatte Vorfahrt!« Willkommen in der geilen Welt der Fundis und Ayatollahs, tief im Südosten, wo Nicht-Veränderung fundamentale Glaubenssache ist und dies gerne sehr heißspornig und emotional zum Ausdruck bringt: »Diese hirnlosen Vollidioten da oben sollen doch zuerst vor der eigenen Bürotüre kehren, bevor sie bei uns die Champignionzucht reorganisieren (weist auf feuchtes, dunkles Klima hin, oder?).

Der Alkoholiker

Stellt den übermäßigen Alkoholkonsum gerne in Abrede und gelobt hoch und heilig, nur noch an Tagen zu trinken, die mit »g« enden. Und mittwochs.

Der Allmächtige

Gott muss ein Mann sein. Denn sonst würde er zu uns sprechen.

Der Alzheimer

Seit sich Maria nicht mehr an den Zeugungsakt mit Josef erinnern mochte, hat Alzheimer Geschichte gemacht. So große Geschichte, dass ich dazu etwas Schlaues schreiben wollte. Aber ich weiß nicht mehr, was.

Der Ausgebrannte

Die Kerze brennt an beiden Enden, oft verwechselt als »total commitment.« Gut 800 000 deutsche Arbeitnehmer »dopen« sich regelmäßig in ihrem Job.[78] 5 % der Befragten gaben im DAK Gesundheitsreport an, im Büro schon einmal mit Medikamenten ihre Konzentration, Stimmung oder Leistungsfähigkeit verbessert zu haben. 18,5 % kennen mindestens eine Person, die leistungssteigernde oder stimmungsaufhellende Medikamente ohne medizinische Erfordernis eingenommen hat. Dies sind insgesamt gut zwei Millionen Beschäftigte. Das wird nicht offen eingestanden, genauso wenig, wie der Burnout eines Bosses als solcher deklariert wird. Oft muss dann halt ein »komplizierter Beinbruch« in der Reha-Klinik ausgeheilt werden. Schließlich will die hart erarbeitete Reputation als Kampfsau gepflegt sein. Fragen Sie mal einen behandelnden Arzt, was das Schwierigste in der Behandlung eines Burn-outs sei. Der wird Ihnen antworten: Diesen Managern beizubringen, dass sie hier als Pflegefall eingeliefert sind, und nicht als ungefragter Daueroptimierer der Prozesse im Krankenhaus. Daneben gibt es noch die ehrlich Ausgebrannten, die zwar leistungsfähig wären, keine Drogen benötigen, es aber mit Bossen zu tun haben, die alles daransetzen, die Leute herabzusetzen, zu demotivieren und in die Kündigung zu treiben. Diesen matten Augen sei in Erinnerung gerufen: Macht kommt von Ermächtigung. Und drittens gibt es die tragischen Fälle, die ausgebrannten Feuerwehrmänner zum Beispiel.

Der Autist

Lebt in seiner eigenen Welt, ein Paralleluniversum, ist nicht fähig, sich mit-zu-teilen. Ganz unbemerkt wächst eine neue Generation von funktionalen Autisten heran, für die Grammatik SMS-kompatibel sein muss, für die 140 Twitterzeichen genügen, sich über Befindlichkeit auszudrücken. Das qualifiziert für die Chefetage.

Der Ayatollah

Das morsche Holz einer Organisation. »Ihr habt die Uhr – wir die Zeit.« Das Nicht-Verändern ist Glaubenssache. Und in Sachen Glauben gibt es keinen Spaß. Ayatollahs sitzen nach meiner Erfahrung nicht primär im Backoffice, wo im Dunkeln die Pilze wachsen, das Ayatollah-Sein muss man sich leisten können. Und wo kann man sich dysfunktionales Verhalten am ehesten leisten? Ja, richtig, nahe beim Kunden, am liebsten im Vertrieb. Man kann gewisse Menschen einfach nicht verändern. Destruktiv, immobil, klare Sanierungsfälle.

Vgl. Der Dogmatiker

Der Bedenkenträger

Der Tinnitus der Teppichetage: Der Bedenkenträger verschafft sich ungefragt Gehör, verbreitet einen unangenehmen Grundton, den man fast nicht mehr wegbringt. Frei nach dem jiddischen Witz: Mach dir schon mal Sorgen – mehr dazu später. Der Arsch hat am Ende auch noch recht, denn er hat es immer schon gesagt.

Der Beelzebub

Vgl. > Der Teufel

Der Beleidigte

Diese Sorte kann ganz schön ins Geld gehen. Hier eine Auflistung von Beleidigungen und zu erwartenden Kosten (nach verschiedenen Gerichtsurteilen[79]):

Leck mich doch *	300 €
Dumme Kuh *	300–800 €
Du blödes Schwein *	475 €
Hast du blödes Weib nichts Besseres zu tun*	500 €
Assozialer *	550 €
Dir hat wohl die Sonne das Gehirn verbrannt *	600 €
Du Holzkopf *	750 €
Verfluchtes Weggelagerergesindel *	900 €
Trottel in Uniform *	1500 €
Am liebsten würde ich jetzt Arschloch zu dir sagen	1600 €

Also: Erst denken, dann sprechen. Interessanterweise gilt das offenbar nur für Deutschland. Denn zu den mit einem * versehenen »Beschimpfungen« lassen sich keinerlei Urteile gegenüber Schweizer Beamten finden. Haben die einfach mehr Toleranz, oder setzt der teutonische Würdenträger Kadavergehorsam qua Uniform voraus? Das würde einige historische Vorgänge des letzten Jahrhunderts erklären. Wir lernen: Kriege werden von Arschlöchern angezettelt. Und von noch größeren Arschlöchern abgewickelt. Bei diesem Gedanken werden mir allerdings nicht nur Pazifisten zustimmen.

Die Beziehungsmüde

»Ich hab schon einen Arsch, noch einen brauch ich nicht.«

Der Blasphemiker

Nichts ist heiliger als der unheilige Ernst. In hierarchischen Organisationen lebt der Blasphemiker gefährlich. Mit Gotteslästerern und Obrigkeitshinterfragern wird nicht diskutiert. Sie landen auf dem Scheiterhaufen. Gotteslästerung ist darum nur erlaubt, solange es andere Religionen betrifft.

Der Dauerjammerer

Vgl. > Der Jammerlappen

Der Dilettant

Er kann's nicht besser. Aber länger.

Der Dogmatiker

Gewisse Sachen sind einfach nicht diskutierbar, unbezweifelbar, und Aussagen eines Dogmatikers müssen auch nicht bewiesen oder diskutiert werden. Wer diese Wahrheit nicht teilt, ist entweder dumm oder böse.[80] Werfen Sie einem solchen Fundi ja niemals Dogmatismus vor, er wird das weit von sich weisen und Ihnen im Brustton erklären, warum das Zölibat modern ist.
Vgl. > Der Demagoge

Der Drakula

Vgl. > Der Blutsauger

Der doofe Elefant

Indische Elefanten werden für die schwere Arbeit im Wald eingesetzt. Und damit junge Elefanten nicht weglaufen, kettet man sie mit einem Fuß an einen Pfahl. Der kleine Elefant versucht wegzulaufen, die Kette hält ihn fest, und er merkt, dass er nicht wegkommt. Der Elefant wird irgendwann größer. Bald ist er so stark, dass er die Kette zerreißen könnte. Aber er versucht es nicht mehr.

Schließlich hat er ja als kleiner Elefant gelernt, dass es nichts nutzt, sich gegen die Kette zu wehren. Am Ende reicht sogar ein dünnes Seil, um einen Elefanten am Weglaufen zu hindern.

Es sind also nicht die realen Gegebenheiten, die den Elefanten in Gefangenschaft halten. In Wirklichkeit müsste der Elefant nur einmal kräftig ziehen, und das Seil würde reißen. Aber er probiert es nicht. Weil er nicht daran glaubt, dass es funktionieren würde. Wirklich doof, dass viele Fesseln oft gar keine sind.[81]

Der Endzeitprophet

Wir sind am Ende, die guten Zeiten vorbei. Mr. Doom hat es bequem mit seinen düsteren Prognosen. Das Ende des Kapitalismus, das Ende des Sozialismus, das Ende der Welt, das Ende von irgendwas. Geben Sie »Das Ende von …« in Google ein, und Sie haben über eine Million Treffer.

Der Energievampir

Ein Energievampir ist kein untotes Wesen aus Transsylvanien. Energievampire hungern nach Aufmerksamkeit und drängen sich gern in den Mittelpunkt. Also Kernkompetenz einer mitteleuropäischen Führungskraft. Der Energievampir saugt parasitär an der Energie anderer, ist entweder ständig beleidigt, trostbedürftig, buhlt mit billigen Tricks um Zuwendung, oder er muss sich immer irgendwie präsentieren. Typische Ausdrucksformen sind der Schuldigmacher (wer Fehler eingesteht, hat verloren), der Delegationskünstler (und macht dann doch alles selber), das Opfer (warum immer ich?), der Weltseufzer (wenn ich nicht wäre, ja dann …), der Kraftmensch und Bulldozer (wo der durchgeht, wächst kein Gras mehr) und der gemeine Zeitdieb.

Der Entscheidungslahme

Mir nach, ich folge.

Der Erfolgsparasit

Wie eine Zecke nistet er sich ein und schmarotzt. Er verschwendet schon gar keine Energie auf inhaltliche Leistung, sondern auf Beziehungsarbeit. Beziehungen sind reine Nutzbeziehungen: Wer dient mir und meinem Fortkommen? Ein hervorragender Eindrucksmanager, der den Bossen um den Bart geht, sie umgarnt und wie ein Puzzleteil bewusst die Schwächen spiegelt und kompensiert. Wie ein Heiratsschwindler, der weiß, was das Opfer hören will, um es gefügig zu machen. Einfach etwas zu viel »zu«: zu nett, zu verständig, zu perfekt, zu schön, um wahr zu sein. Ein teurer Trittbrettfahrer des Erfolgs.

Vgl. > Der Blender

Der Fiesling

Der Pottmolch in Nadelstreifen: Grubengräber, Fliegenbeinausreißer und Blumenhinrichter.

Der Frankenstein

Vgl. > Der Blutsauger

Der Frustrierte

Dem Frustrierten ist das Salär eine »Freizeitausfallentschädigung«.

Der Fundi

Vgl. > Der Ayatollah, Der Dogmatiker

Der Funktionär

Vgl. > Der Eunuch

Der Golfer

Ist gewohnt, dass sich alles klein macht, sich taub stellt und ins Laub kriecht. Wie ein Golfball eben.

Der Grubengräber

Buddelt und buddelt und buddelt. Und wundert sich beim Buddeln, dass das Grundwasser ständig steigt, statt zu sinken.

Der Guerillakämpfer

Kämpft von unten nach oben, oft aus dem Hinterhalt, um sich gegen die Plünderungsversuche der Mittelmäßigen zu wehren.

Der Hammwanich

Kleine Anmerkung an meine Leser in Österreich und der Schweiz. Diese Spezies gibt's wirklich, aber nur in Deutschland, genauer: in und östlich von Berlin. Wenn Sie einem Hammwanich begegnen, haben automatisch SIE die Arschkarte gezogen. Sie fragen eine alltägliche Frage, in Ihrem Kiosk z. B.: Haben Sie die FAZ? Hammwanich. Haben Sie die Süddeutsche? Hammwanich. Haben Sie Kaugummi? Hammwanich. Dabei schaut Sie der Hammwanich entweder gar nicht an oder, falls doch, durch Sie hindurch. Versuchen Sie den Hammwanich nie zu belehren, so im Stile von »Haben Sie schon mal was von Kundenorientierung gehört?« oder »Wissen Sie eigentlich, wer Ihr Salär bezahlt?« oder »Darf ich mal Ihren Boss sprechen?«. Verlorene Liebesmüh, der Hammwanich wird mit der Achsel zucken und das Kreuzworträtsel unbeeindruckt fertig lösen. Mentale Klone von Hammwanichs werden bevorzugt von Airlines für ihre Ticketing-Schalter oder Callcenter eingestellt. Berufe wie Polizei, Ordnungsamt, Flughafensicherheit und Taxifahrer sind von Hammwanich-Klonen durchsetzt, also mental wenig Unterschied zu Ihrem Kiez-Kiosk-Betreiber. Hammwanich (zu

Deutsch »Haben wir nicht« – das Wort »leider« kommt einer Berliner Schnauze nicht über die Lippen …) ist fleischgewordene Kaltschnäuzigkeit der Servicewüste Deutschland. Service? Ein Lächeln? – Gibt's nich, hammwanich, und kriegn wa ooch nie rein.

Der Idealist

»Zyniker glauben, dass jeder genauso korrupt ist wie sie selbst. Idealisten glauben, jeder ist korrupt außer ihnen selbst« (Robert Anton Wilson, Schriftsteller).

Der Märtyrer

Opfert sich für die gute Sache der anderen. Im westlichen Martyrium wird damit auch mieses Arbeitsklima und noch miesere Bosse umschrieben, denn wie sagt das Sprichwort: »Des Teufels Märtyrer leiden viel mehr als Gottes.«

Der Mikadospieler

Wer sich zuerst bewegt, hat verloren.

Der Missgunstexperte

Als Neidgenosse immer im Alarmmodus. Man gönnt sich nicht mal das Stinken beim Sch…

Vgl. > Der Denunziant

Der Missionar

Missionare sind die Vertriebsabteilung der Religionen. Oder die Vorhut der Conquistadores und Kreuzritter. Damit ist eigentlich schon fast alles gesagt. Außer: Wie beim Vertrieb sind das Versprechen und der Vollzug nicht immer identisch, schließlich braucht ein Vertriebler ein Betrügergen. Erfolgsversprechen sind folglich nicht gleichbedeutend mit Erfolg. Ein schönes Beispiel:

2008 gab es eine ausgezeichnete Firma. Der HR-Manager war stolz wie ein südamerikanischer Ballzauberer nach dem Tor. Seine Firma heimste Preise ein:

- Disability Excellence Award from the Great Places to Work, 2008
- Innovator Award, 2007
- First Women in the City Award of Achievement, 2007
- Employer of the Year Award, 2003
- Most Shareholder-Friendly Company, 2007
- Leistungsfähigstes Unternehmen, 2008
- Preis für die Vereinbarkeit von Familie und Beruf, 2008
- sowie weitere Auszeichnungen für vorbildliche Programme in den Bereichen Diversity, Corporate Responsibility und Compliance.

Sicher interessiert Sie, wie diese tolle Firma heißt. Nun, es war Lehman Brothers, die im selben Jahr mit Pauken und Trompeten pleiteging. Versprechen und Vollzug sind eben nicht dasselbe. Denken Sie daran, wenn Sie nächstes Mal jemand missionieren will.

Der Mobber

Vom Englischen »to mob« stammt diese Arschvariante: »anpöbeln, angreifen, bedrängen, über jemanden herfallen«. »Mob« steht auch für »Meute, Gesindel, Pöbel, Bande«. Mobbing gehört zum Berufsalltag, denn laut dem Mobbing-Report der Bundesanstalt für Arbeitsschutz und Arbeitsmedizin (BAuA) werden in Deutschland etwa 1,5 Millionen Beschäftigte täglich an ihrem Arbeitsplatz gemobbt. Jeder neunte Arbeitnehmer wird im Laufe seines Berufslebens mindestens einmal Opfer von dauerhaften Benachteiligungen, Schikanen und Ausgrenzung. Im Gegensatz zu vielen Arschlochstrategien erfolgt Mobbing in der Regel unsichtbar, aus dem Hinteralt, von unten oder von gleicher Stufe, das nennt man auch »Bullying«. In jedem zweiten Falle ist der Chef beteiligt. Das nennt man »Bossing«. Oder eben »Arschloch«.

Die Mutter Teresa

Vgl. > Die Ethikmaske

Der Negaholiker

Die Antwort ist »nein« – was war die Frage?

Der Nerd

Nerds sind die Freaks mit dicken, schwarzen Brillen, die sich in der virtuellen Welt ihrer Computer bewegen, diese zu einem großen Teil mitgestalten. Doch das Leben kennen sie nicht. Meist schüchterne, picklige Jungs in bedruckten, schwarzen T-Shirts, mit fahler Gesichtsfarbe und etwas Speck auf der Rippe, von den Pizzen, die morgens um zwei Uhr bestellt und dann kalt gegessen wurden.

Die Niete

Vgl. > Die Bluejeans

Der Nörgler

Vgl. > Der Besserwisser

Das Opfer

Leidet an den Umständen. Als Politiker zum Beispiel ist er Opfer seiner Bevölkerungsverdrossenheit.

Der Orthodoxe

Es gibt keine Luft zwischen reiner Lehre und deren Auslegung. Dazu die passende Geschichte: Die Frau des Orthodoxen ruft kurz vor Feierabend an. »Wir haben kein Brot mehr. Fahre bitte noch zum Supermarkt, und hole eins; wenn sie Eier haben, bringe bitte sechs mit!« Als er nach Hause kam, hatte er sechs Brote dabei. »Warum hast du denn sechs Brote gekauft?« »Sie hatten Eier«, so seine unerschütterliche Antwort.

Der Pädo

Der ultimative Killer- und Mobbinghebel ist: Schieben Sie Ihrem ärgsten Feind kinderpornografische Neigungen unter. Als reine Vorsichtsmaßnahme laden Sie noch einige entsprechende Dateien auf seine Festplatte. Egal, ob es wahr ist oder ob in ein paar Justizjahren sich die Unschuld erweist, der Reputationsschaden ist nachhaltig.

Der Papst

Vorsitzender einer globalen Vertriebsorganisation, die im harten Wettbewerb um Marktanteile auch unzimperliche Mittel einzusetzen bereit ist: Von den Conquistatores über Kreuzritter bis zum Verbot von Kondomen in Afrika. Wie der erfolgreiche, globale Vertriebsvorstand weiß, kann nicht auf jede Befindlichkeit eines lokalen Marktes Rücksicht genommen werden. Wenn Europa mit einem Anteil von 15 % eine etwas differenziertere Auseinandersetzung mit Zölibat oder Pädophilie erwartet, ist gerade die Zuspitzung Wettbewerbsvorteil in hart umkämpften Märkten Asiens oder Südamerikas, wo einfache Botschaften einfach besser ankommen. Wichtigste Verkaufsoffensiven sind Weihnachten und Ostern, eroberte Märkte werden mit hohen Türmen, Glockengeläute und Kruzifixen markiert.
Vgl. > Der Lexikon-Drücker

Der Paranoide

Ein junger Israeli stellt sich beim Radio als Sprecher vor. Sein Freund fragt ihn: »Schmuel, was hast du im Radiogebäude gemacht?« »Mi-mi-mich u-um die Sch-sch-stelle des A-a-a-ansagers beworben.« »Und? Hast du sie bekommen?« »N-n-nein! Da-das s-sind alles A-a-antisemiten!«

Der Putschist

Vgl. > Der Guerillakämpfer

Der Quasimodo

Erfreut die Menschheit mit seinem Glockengeläut, sobald er aber das Licht des Tages erblickt, verbreitet sich Schreck und Starre: hässlich, bucklig, das Auge mit einer Warze bedeckt, schlurfender Gang, schwerer Atem, kullernde Augen und ein heiseres Lachen. Der Stoff, aus dem die Träume sind.

Der Saboteur

Hierzu eine Geschichte: Ich war in Hongkong, bereit für den Rückflug nach Europa. Auf dem Weg zum Flughafen wollte ich mir noch einen genehmigen. Ich kam in eine etwas schummrige Bar und bestellte einen Whisky. Der chinesische Barman schüttete mindestens einen Zentimeter über die Linie. Ich genoss den Whisky und wollte bezahlen. »One Dollal, Sil.« O.K., das ist günstig. Da nehm ich gerne noch einen. Der Barman schüttete das Glas halb voll. Ich trank die große Portion tapfer und wollte bezahlen. »One Dollal, Sil.« Das ist wirklich sehr günstig. Der Flug dauert 15 Stunden, ich bin eine Kämpfernatur, es liegt also noch einer drin. Ich bestellte, und der Chinese füllte mir das ganze Glas bis unter den Rand. Ich stürzte den Whisky runter, hatte runde Absätze und bezahlte. »One Dollal, Sil.« Warum, fragte ich den Chinesen mit schwerer Zunge, warum gießen Sie

mir mit jedem Glas mehr ein, und der Drink kostet immer nur einen läppischen Dollar? »You know, Sil, my boss is upstairs, fucking my wife, I am downstairs, fucking his business.«
Eine nette Geschichte, die erklärt, warum frustrierte Mitarbeiter von Schweizer Banken in ihren menschenverachtenden Unternehmenskulturen zur Sicherheit mal eine Kopie der Kundendaten auf CD brennen.
Vgl. > Der Kostenoptimierer

Der Unmensch
Vgl. > Das Scheusal

Der Untote
Sie werden es vielleicht nicht glauben, aber der deutsche Michel hat ein Formular geschaffen, das heißt »Lebensbescheinigung«. Man muss sich bestätigen lassen, dass man am Leben ist, um gewisse Leistungen im Bürgerbüro abzurufen. Vielleicht derselbe Michel, der auch den »Grabstein-Rütteltest« erdacht hat, der im Interesse der »Grabnutzungsberechtigten« (= die Hinterbliebenen) die Gefahr aus dem Weg räumt und verhindert, dass mal ein gut 500 Kilo schwerer Grabstein auf einen Friedhofsbesucher runterkippt. Auch Grabsteine haben Probleme mit der Standfestigkeit.

Der Verlierer
Wenn du kämpfst, kannst du verlieren. Wenn du nicht kämpfst, hast du schon verloren.

Der ewige Verlierer
Wenn dich das Leben fickt, beweg dich im Rhythmus … irgendwann kommt der Höhepunkt.

Der Voodoo-Jünger
Vgl. > Der Zombie

Der Widerstandskämpfer
Vgl. > Der Partisan

Der Zombie
Ein untotes, willenloses Wesen, oft als Schreckensfigur einer deutschen Kundendienstabteilung getarnt, dessen Aufgabe es zu sein scheint, mit hanebüchensten und voodoo-artigen Ausreden Anliegen zahlender Kunden abzuschmettern.

Der Zwangsbeglücker
Sind missionarisch unterwegs, als Ernährungsberaterinnen, als Gesundheitsapostel, als Zahnzwischenraumputzer, als Seelen-Verkäufer. *vgl. > Der gelierte Macho, Der Missionar*

Der Zyniker
»Zynismus ist der geglückte Versuch, die Welt so zu sehen, wie sie wirklich ist« (Jean Genet, Schriftsteller) oder mit Karl Valentin gesagt: »Man soll die Dinge nicht so tragisch nehmen, wie sie sind.«

13.

Lieber die Taube in der Hand als den Spatz auf dem Dach

Zum Schluss hier die nicht sooo verkehrte Hitparade von Weisheiten aus Jahrhunderten und Bonmots, die jedes Arschloch nach oben spülen und die dem mittelmäßig begabten Arsch die Segel füllen. Mit anderen Worten: die zehn ultimativen Arschloch-Weisheiten.

1. »Eigentlich bin ich ganz anders, nur komm ich so selten dazu.«
   Ödön von Horváth, Schriftsteller
2. »Konsens ist das Gegenteil von Führung.«
   Margaret Thatcher, Politikerin
3. »Auch Kränkungen wollen gelernt sein. Je freundlicher, desto tiefer trifft's.«
   Martin Walser, Schriftsteller
4. »Ein Mann kommt am weitesten, wenn er nicht weiß, wohin er geht.«
   Oliver Cromwell, Politiker, General
5. »Alles Schöne im Leben hat einen Haken: es ist unmoralisch, illegal oder es macht dick.«
   Mae West, Filmschauspielerin
6. »Gute Kontrolle braucht kein Vertrauen.«
   Erkenntnis des überbezahlten Gesichtsvermieters
7. »Man glaubt gar nicht, wie schwer es oft ist, eine Tat in einen Gedanken umzusetzen!«
   Karl Kraus, Schriftsteller

8. »Erfahrene Propheten warten die Ereignisse ab.«
   Horace Walpole, Schriftsteller
9. »Ab und zu sollten wir auch jene, die nichts Gutes an uns finden, maßlos enttäuschen.«
   Ernst Ferstl, Aphoristiker
10. »Wer viel Charakter hat, hat wenig Eigentum.«
   John James Osborne, Schauspieler, Dramatiker

14.

Der Traum einer arschlochfreien Zone

Träumen wir nicht alle vom Idealbild? Von der perfekten Mutterrolle? Vom Erfolg im Business? Von der arschlochfreien Zone?[82] Nun, wie die Zahlen zeigen, dürfte es schwierig sein, größere Landstriche als arschlochfreie Zone zu identifizieren. Was im Idealfall bleibt, ist die Familie. Wie Sie jedoch wissen, kann man sich Krankheiten und Familie nicht aussuchen. Bleibt nur noch der Rückzug im Geschäft auf die kleinstmögliche, überschaubare Einheit. Dieses Cocooning ist in arg changegebeutelten Organisationen feststellbar: »Uns ist es egal, was die Vorstände an strategischen Pfannkuchen rumschießen, ob sie von links oder rechts kommen und welche Farbe sie haben. Hauptsache, wir in unserem Team haben es gut und erreichen die Ziele, dann werden wir nämlich in Ruhe gelassen.« Das klingt nicht wirklich nach arschlochfreier Zone, das tönt nach Ausblenden, Sich-Arrangieren. Was also bleibt, sind Sie. Sie allein. Es ist Ihre Entscheidung, ob Sie mitten unter Arschlöchern arbeiten oder ob Sie sich eine arschlochfreie Zone schaffen. Lassen Sie Ihre Seele nicht von Arschlöchern kolonialisieren. Kämpfen Sie für diese Utopie.

Mehr Infos auf www.leader-shit.com

15.

Das Lexikon der Arschlöcher von A–Z

(Index mit Seitenzahlen)

Vom Aasgeier bis zum Zyniker

C

D

E

F

M

N

O

16.
Anmerkungen

1 Jochen Mai, Das Büro in Zahlen/www.karrierebibel.de

2 Robert I. Sutton, Der Arschloch-Faktor. Vom geschickten Umgang mit Aufschneidern, Intriganten und Despoten im Unternehmen, Heine 2007, Seite XIII

3 ebda, Seite 4

4 Martin Kihn, Asshole. Wie ich lernte, ein Schwein zu sein und dabei reich und glücklich wurde, Ullstein 2009, Seite 78

5 ebda, Seite 115

6 ebda, Seite 58

7 ebda, Seite 66

8 Robert I. Sutton, Der Arschloch Faktor. Vom geschickten Umgang mit Aufschneidern, Intriganten und Despoten im Unternehmen, Heine 2007, Seite 6

9 Martin Kihn, Asshole. Wie ich lernte, ein Schwein zu sein, und dabei reich und glücklich wurde, Ullstein 2009, Seite 55

10 ebda, Seite 172

11 ebda, Seite 246

12 Repräsentative Online-Befragung von 620 Deutschen, durchgeführt im Juli 2010 mit einer Standardabweichung von +/- 4%. Methodischer Steckbrief: Methode: Online-Befragung, Ablauf der Befragung: Rekrutierung einer repräsentativen Stichprobe aus einem Online-Befragungspool. Einladung zur Teilnahme an Umfrage mittels E-Mail. Bei Zustimmung Zusenden des Weblinks, welcher auf die Befragungsseite führt. Befragungspool: Deutschland-repräsentatives Online-Panel von panelbiz GmbH Berlin. Stichprobe: 620 Interviews,18–65 Jahre, Beschäftigungsgrad mind. 80%, random-quota, repräsentativ für Deutschland (alle Bundesländer). Befragungszeit: 2.–12. Juli 2010, Durchführung Befragung: panelbiz GmbH, Berlin, Aufbereitung Daten: blue eyes marketing GmbH, Luzern, Pro-

jektleitung: Markus Britschgi/Deborah Gasser, blue eyes marketing GmbH, Luzern

13 »Das Versagen der Chefs – Jeder vierte Angestellte hat innerlich gekündigt« in: Die Welt, 21. März 2012, Seite 10

14 Martin Kihn, Asshole. Wie ich lernte, ein Schwein zu sein und dabei reich und glücklich wurde, Ullstein 2009

15 ebda, Seite 200

16 Studipedia, Enzyklopädie ohne Sinn

17 Paul Babiak, Robert D. Hare, »Menschenschinder oder Manager – Psychopathen bei der Arbeit«, Hanser 2006, Seite 137/138

18 ebda, Seite 141

19 ebda, Seite 165

20 Martin Morlock: Hohe Schule der Verführung. Ein Handbuch der Demagogie. Econ Verlag, 1977, Seite 24

21 Frei nach: Dietmar Bittrich, Achtung Gutmenschen, rororo 2009, Seite 2

22 ebda, Seite 11

23 Katerina Jakob, Schauspielerin in der ZDF Talk-Show »Lanz«, 6. April 2010

24 Paul Babiak, Robert D. Hare, Menschenschinder oder Manager – Psychopathen bei der Arbeit, Hanser 2006, Seite 104

25 ebda, Seite 146

26 Günter Erbe, Der moderne Dandy,Bundeszentrale für politische Bildung, www.bpb.de/publikationen

27 Utz Claasen, »Manager, Sanierer«, in: ManagerMagazin 6/2006, Seite 191

28 Karl Kraus, (28.4.1874–12.6.1936), Journalist, Schriftsteller (Österreich)

29 Manager Magazin 6/2006, »Fiese Spiele«, Seite 180 ff.

30 Studie der Managerlöhne 2002 bis 2010 der Schweizer Gewerkschaft Travail.Suisse vom 21. Juni 2010

31 Moritz Koch, »Unkontrolliert in den Abgrund«, in: Süddeutsche Zeitung, 14. Juni 2010, Seite 19

32 ebda

33 Gerhald Schulze, in: Die Welt, 21. September 2010, Seite 7

34 ebda

35 Urs Paul Engeler, »Hohepriester der Anmaßung«, in: Die Weltwoche Nr. 20/2011, Seite 37

36 ebda

37 ebda

38 ebda

39 ebda

40 Gertrud Höhler, in: Welt am Sonntag, 28. August 2011, Seite 13

41 Karl-Heinz Büschemann, »Drei Tage mit den Mackies«, in: Süddeutsche Zeitung 17. März 2004

42 Dietmar Bittrich, Achtung, Gutmenschen – warum sie uns nerven, womit sie uns quälen, wie wir sie loswerden, rororo 2009, Seite 67

43 ebda, Seite 180

44 Steffi Kammerer, »Fame fatale«, in: Spiegel online, 5. April 2011

45 ebda

46 Nach Robert D. Hare, einem eremitierten Professor für Psychologie im kanadischen Vancouver, dem weltweit führenden Experten für Persönlichkeitsstörung (Psychopathie)

47 Susanne Grieger-Langer, in: Welt Kompakt/Karriere, 14. Juni 2010, Seite 2

48 ebda

49 Paul Babiak, Robert D. Hare, Menschenschinder oder Manager – Psychopathen bei der Arbeit, Hanser 2006, Seite 15

50 ebda, Seite 35

51 ebda, Seite 36

52 Rod, der Bassist der »Ärzte«

53 Hanna Grimm, Deutsche Welle, dw-world.de

54 ebda

55 Lorenz Jäger, in: Frankfurter Allgemeine Zeitung, 11. Mai 2010, Seite 31

56 Das politische Kabarett »Die Distel« in Berlin hat diese Geschichte zu Ende gedacht in ihrem Stück »Staatsratsvorsitzende küsst man nicht« und feierte 2009 konsequenterweise »60 Jahre DDR«

57 Alain Peyrefitte, französischer Politiker, 1925–1999

58 Paul Hubschmid, Schauspieler, 1917–2002

59 Dieter Moor, Was wir nicht haben, brauchen Sie nicht. Geschichten aus der arschlochfreien Zone, rororo 2009, Seite 164
60 ebda
61 Inspiriert von einer Rede von Jeremy Rifkin zu seinem Buch »The empathic civilisation«
62 Dieter Moor, Was wir nicht haben, brauchen Sie nicht. Geschichten aus der arschlochfreien Zone, rororo 2009, Seite 11
63 André Mielke, »Deutschland sucht die Super-Azubine«, in: Welt am Sonntag, 11. April 2010, Seite 1
64 ebda
65 Dankbar entliehen aus einer Anzeige für den Kontaktanzeigenteil der Schweizer Frauenzeitschrift »annabelle« mit dem Slogan »Frauen sind so«.
66 Matthias Bartsch, »Arbeitnehmer/Gewisse Erregung« in: Spiegel Online, 17. Dezember 2011
67 Christine Busta (Österreich, 1915–1987), Schriftstellerin, Lyrikerin
68 »Global Economic Crime Survey« (PWC 2006)
69 Cyril Northcote Parkinson, (Großbritannien 1909–1993), Historiker, Soziologe, Publizist
70 Meyers Großes Konversations-Lexikon, Band 5. Leipzig 1906, Seite 248
71 Frei nach einer Studie »Der Grundtoffel und der Dünnbrettbohrer« des Wehrmachtpsychologen (!) W. Beck, Breslau, 1941
72 Manchmal muss man Menschen vor sich selber schützen, deshalb verzichte ich aus Personenschutzgründen auf die detaillierte Quellenangabe.
73 Dankbar entliehen bei Günther Beyer, Der Ferkel Faktor. Die Schmutzigen Tricks der Kommunikation, Econ 2008, Seite 105
74 Alessandro Manzoni (1785–1873), italienischer Dichter
75 Wilhelm Busch (1832–1908), deutscher Dichter
76 Paul Babiak, Robert D. Hare, »Menschenschinder oder Manager – Psychopathen bei der Arbeit«, Hanser 2006, Seite 110
77 Michael Loebbert in seinem Newsletter »Change Short Cut 07.10«, mehr Infos unter www.mloebbert.com

78 DAK Gesundheitsreport 2009, eine repräsentative Befragung bei rund 3000 Arbeitnehmern im Alter von 20 bis 50 Jahren

79 Quelle: www.talkteria.de

80 Peter Möller, www.philolex.de

81 Tania Konnerth & Ralf Senftleben, Zeit zu leben, 3. Oktober 2010

82 Dankbar entliehen von Dieter Moor's wunderbarem Buch: Was wir nicht haben, brauchen Sie nicht. Geschichten aus der arschlochfreien Zone, rororo 2009, über seine Erlebnisse beim Umsiedeln in die Weite Brandenburgs

Bibliografie Hans Rudolf Jost

Das Vitalizer Projekt
Inforno – Chaos – Angst.
Ansätze zur Bewältigung in Führung und Management
ISBN 3-9520427-0-6, Edition Yahoo 1993

Der Change Navigator
Im Wandel wachsen
ISBN 3-905327-04-X,
A & O des Wissens 1998

Komplexitäts-Fitness – Wandel erfolgreich gestalten
CompleXellence – The Revolution of Change
ISBN: 3-905327-11-2,
A & O des Wissens 2000

Unternehmenskultur: wie weiche Faktoren zu harten Fakten werden
ISBN 3-280-05029-4, Orell Füssli 2003

Best of Bullshit: Worthülsen aus der Teppichetage
ISBN: 978-3280053300, Orell Füssli 2009

Auch als Hörbuch/Audio CD erschienen bei
Radioropa 2009
ISBN: 3836804581